我的第一本
趣味
化学书 ②

王春波◎编著

中国纺织出版社有限公司

U0320109

内 容 提 要

化学是一门研究物质的性质、组成、结构及变化规律的基础自然学科。学习化学，可以激发小朋友的想象力，并引导他们学会将化学知识与经常碰到的各种生活现象联系起来。

本书从小朋友感兴趣的生活现象与化学故事出发，逐渐引入化学知识，让小朋友能对我们生活的化学世界产生兴趣。相信阅读完本书你会发现，原来学习化学也十分有趣。

图书在版编目（CIP）数据

我的第一本趣味化学书.2 / 王春波编著. --北京：
中国纺织出版社有限公司，2020.4（2021.1重印）
ISBN 978-7-5180-7122-7

Ⅰ.①我… Ⅱ.①王… Ⅲ.①化学—青少年读物
Ⅳ.①O6-49

中国版本图书馆CIP数据核字（2019）第289138号

责任编辑：邢雅鑫　　责任校对：寇晨晨　　责任印制：储志伟

中国纺织出版社有限公司出版发行
地址：北京市朝阳区百子湾东里A407号楼　邮政编码：100124
销售电话：010—67004422　传真：010—87155801
http://www.c-textilep.com
中国纺织出版社天猫旗舰店
官方微博http://weibo.com/2119887771
河北鹏润印刷有限公司印刷　各地新华书店经销
2020年4月第1版　2021年1月第3次印刷
开本：880×1230　1/32　印张：7
字数：118千字　定价：29.80元

前言
preface

亲爱的小读者：

你知道牙膏为什么能洗掉茶杯中的茶渍吗？

你知道水壶中的水垢怎么清除吗？

人们常说的"鬼火"真的是鬼在作怪吗？

银饰戴久了为什么会变暗？

礼花为什么是五颜六色的呢？

木糖醇是糖吗？

霓虹灯为什么是五颜六色的呢？

……

答案就在《我的第一本趣味化学书2》中。那么，什么是化学呢？

化学是一门研究物质的性质、组成、结构、变化、用途、制法，以及物质变化规律的自然科学。化学研究的对象涉及物质之间的相互关系或物质和能量之间的关联，化学与工业、农业、日常生活、医学、材料等均有十分紧密的联系。

其实，化学学科的实用性很强，它能引导、剖析身边的一些现象背后的化学原因，能将事物看得更清楚。例如，为什么打针前要做皮试？洗洁精为什么能去掉油污？为何爸爸妈妈叮嘱我们要少吃油炸食品？橡皮擦为何能擦掉书写错误？塑料袋为何不环保……其实，这些无一不与化学有关。只要我们留心观察身边的事物，就会发现生活中处处有化学，生活离不开化学；只要我们联系实际学习，就会感觉到化学非常实用且趣味横生。

另外，随着现代化学的发展，化学也继续改变我们的生活，并逐渐处于完善之中。相信在未来，化学必然成为影响我们生活和生存的重大学科。

因此，激发小朋友们学习化学的兴趣，也是我们编写此书的目的，我们生存的世界也需要化学。

本书从生活中一些常见却又令人惊奇的化学现象开始，结合了很多有趣的化学故事，然后挖掘出这些现象和故事背后的化学原因和原理，并用最简单、浅显、易懂的语言告诉小朋友们一些化学知识。认真阅读本书你会发现，化学世界原来如此奇妙，妙趣横生，相信经历一段时间的学习后，你也会爱上化学。

编著者

2019年6月

目 录

contents

第 1 章

走进化学，你知道这些生活现象背后的原因吗

　　小朋友，不知道是否发现生活中有这样一些现象：妈妈切洋葱时总会流泪；用铁刀切了水果，不到一会儿水果就变黑了；牙膏能去除杯子上的茶渍；银饰戴久了会变暗……那么，你可曾思考过，产生这些现象的原因是什么呢？你是否考虑过深层次的原因呢？要想了解这些答案，我们就要学习一些简单的化学知识。本章，我们就开始探索奇妙的化学世界。

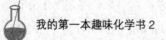 银饰戴久了为什么会变暗

这天晚饭后，妈妈在刷碗，小雨从房间走出来对妈妈说："你看我戴的这个银手镯怎么变黑了，妈妈你是不是买的假的？"

"怎么可能呢？我在商场专柜买的，还有发票呢！"

"那这是怎么回事呢？"

这时候，爸爸走过来，对小雨说："这是因为银是比较"活泼"的化学元素，夏天到了，你每天运动出汗，汗渍与空气接触，会形成黑色的硫化银，使银饰表面氧化变黑。"

"可是，我不怎么听得懂，什么是硫化银，什么是化学元素，而且，手镯上的黑色物质怎么祛除呢？"小雨问。

"我的傻孩子，对于你前面的问题，需要我们学习一些化学的基础知识，不过要去除银器上的黑色物质倒是不难，只需要……"

上面，小雨爸爸为小雨大致解释了银的化学稳定性。的确，生活中，因银的化学性质较活泼，因此银会与空气中的二

氧化硫作用形成黑色的硫化银,使银饰表面氧化变黑。使用过银器或佩戴过银饰的朋友都有这样的经历:银器或银饰在一段时间不使用后,容易氧化发乌、失去光泽。出现这种情况,大家也不用着急,以下几种银器保养方法就可以帮你解除烦恼,让你的银器(饰)恢复美丽光泽。

(1)可在清水中加入苏打粉,然后清洗银器(饰),擦拭后再擦干银器(饰)上的水。

(2)使用擦银布、擦银膏擦拭(一般饰品店应都可买到,特别需要指出:擦银布中含有特别的药水,不能水洗)。

(3)用软布蘸些牙膏搓洗银器(饰),再用清水洗干净,最后用棉布擦拭干净即可。(推荐使用)

(4)将银器(饰)用洗银水浸泡,再用清水洗干净,最后用棉布擦拭干净,使其保持干燥即可。但尽量少用洗银水,因为洗银水为化学产品,具有腐蚀性,长久使用会对银器(饰)造成伤害。

(5)银器在闲置不用时,建议以封口塑胶袋密封,以减少和空气接触,减缓变黑。银饰最好避免接触海水、温泉,若不佩戴时,可装入隔绝空气的容器中,如绒布袋或珠宝盒,这样可使银饰常保如新。

银属于不稳定的稀有金属,在空气中容易跟硫发生化学反应，导致变黑、变黄，这是不可避免的，因为这就是银的本性。夏天，人出汗比较多，这也是促进银饰发黑的原因。人体汗液中含有很多硫，跟银饰接触，就会发生化学反应。每个人的内分泌结构不同，有些人的汗液含酸比较多，有些人的氨含量比较高，所以佩戴银饰产生了不同的结果，酸的容易黑，不酸的就不太容易黑，甚至有些油脂分泌旺盛的人会把自己的银饰戴得油光发亮。

　　当然，在日常的佩戴中，保持银饰的干燥是关键所在。切勿戴着游泳、接近温泉和海水。每次佩戴完后要用棉布或面纸轻拭表面，清除水分和污垢，然后收藏于密封袋中，避免与空气接触。同时，在佩戴银饰时不要佩戴其他贵金属首饰，以免相互碰撞而导致银饰变形或擦伤。

知识小链接

　　清洁保养银饰有很多方法，除了用牙膏可以达到清洁效果之外，天天佩戴则是保养银饰的最佳途径。佩戴时，因人体产生的油脂黏附在首饰的表面，可以避免银饰直接与空气接触，减少发黑、发黄等迹象。

切洋葱为什么会流眼泪

最近，小飞的爸爸妈妈吵架了，这让小飞很担心。

这天，放学回家后，小飞发现在厨房做饭的妈妈正在用围裙擦眼睛。难道是哭了？

"妈妈，你怎么了，爸爸欺负你了？"小飞赶紧问。

"没有没有，就是切洋葱了，我跟你爸挺好的，你别担心。你爸也该下班了，一会儿就回来。"

"嗯，切洋葱就会流泪，这是为什么？"

"这个我还真不知道呢，你爸肯定懂，等他回来你问问他。"

生活中，我们不少人都喜欢吃洋葱，而且洋葱中的营养十分丰富，不仅富含钾、维生素C、叶酸、锌、硒及纤维质等营养素，更有两种特殊的营养物质——槲皮素和前列腺素A。这两种特殊营养物质，令洋葱具有了很多其他食物不可替代的健康功效。

然而，不少小朋友的父母在做饭时都会遇到这样的问题——一切洋葱就会流泪。这是为什么呢？

因为切洋葱或碾碎洋葱组织的过程中，就会释放出一种酶，这种酶和洋葱中含硫的蒜氨酸发生反应之后，蒜氨酸转化成次磺酸。次磺酸分子重新排列后形成可以引起流泪的合丙烷硫醛和硫氧化物。洋葱组织被破坏30秒以后，合丙烷硫醛和硫氧化物的形成达到了高峰，并在大约五分钟后完成其化学变化。丰富的神经末梢能够发现角膜接触到的合丙烷硫醛和硫氧化物并引起睫状神经的活动，中枢神经系统将其解释为一种灼烧的感觉，而且此种化合物的浓度越高，灼烧感也越强烈。这种神经活动通过反射的方式刺激自主神经纤维，自主神经纤维又将信号带回眼睛，命令泪腺分泌泪液将刺激性物质冲走。这就是人在切洋葱的时候会流泪的原因。

那么，对于洋葱，该怎么处理才不流泪呢？

（1）在切洋葱前，把切菜刀在冷水中浸一会儿，再切时就不会因受挥发物质刺激而流泪了。

（2）将洋葱对半切开后，先泡一下凉水再切，就不会流泪了。

（3）放微波炉稍微叮一下，不仅皮好去，切起来也不流泪。

（4）将洋葱浸入热水中3分钟后再切。

（5）戴着泳镜切洋葱。

（6）屏住呼吸切，因为洋葱的味道是通过鼻子传到脑神经，才让眼睛流泪的。

（7）切洋葱时在砧板旁点支蜡烛，这样可以减少洋葱的刺激气味。

如果已经"泪流满面"时，可打开冰箱冷冻柜，把头伸进去一下下（只要稍感到脸部凉凉的），就不会使眼睛流泪了！

知识小链接

洋葱是一种很普通的廉价家常菜。其肉质柔嫩，汁多辣味淡，品质佳，适于生食。原产于亚洲西部，在中国各地均有栽培，四季都有供应。洋葱供食用的部位为地下的肥大鳞茎（即葱头）。在国外它却被誉为"菜中皇后"，营养价值较高。

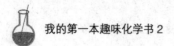 "要想甜，加点盐"是为什么

丹丹奶奶有个习惯——早上起床时喜欢喝一杯糖水。这个习惯源于十年前，那时候，奶奶突然晕倒，送到医院检查发现是低血糖，医生告诉她，以后头晕的时候就喝点糖水。就这样，这一习惯就养成了。

今年，爸爸将奶奶接过来一起住。奶奶搬过来的时候，特地带来了她的搪瓷杯子，因为她每天早上都要喝糖水。

这天早上，大概还不到六点，丹丹起床上卫生间，就看见奶奶在用热水冲砂糖了。

丹丹走过去，看见奶奶从盐罐里舀了点盐加进糖水里，丹丹很奇怪，问奶奶："您不觉得咸吗？"

"不会呀，加点盐会更甜呢。"

"怎么可能呢？盐和糖产生的是两种完全不同的味道啊。"

"你不信啊？不信你尝尝。"

奶奶喂了一口给丹丹，丹丹尝了下后，一脸震惊："真的

耶。那这是为什么呢？"

"这我就不知道了，反正老一辈都说'要想甜，加点盐'。"

的确，生活中，人们常说"要想甜，加点盐"，其实这是很有生活智慧的总结。因为如果我们在糖水里加入一点盐，就会发现糖水变得更甜了。有经验的点心师傅在制作甜食时，往往会在加糖时还会加入少许盐。这样做不但节省了用糖量，而且还会使点心更甜。这是什么道理呢？

其实，这是味觉上的对比效应，简单地说就是一种味觉能增强另一种味觉的现象。

有试验表明：这种在10％、25％和50％的蔗糖溶液中，分别添加相当于蔗糖量的1.5％、0.6％和0.25％的食盐，尝起来会更甜。相反相成的味觉现象叫作"对比"。运用这种方法制作甜咸点心、糖三角、元宵馅，别有风味，而且省糖。

当然盐不能超过糖量的5％，否则就变成咸味的了。广东人在吃荔枝、西瓜、杨梅、菠萝等水果时，也会先将它们浸泡在淡盐水中，在去火防过敏的同时，更能增加甜味，也是一样的道理。

另外，"对比"效应还体现在酸味食物中加点盐，会增强酸味；在咸味食物中加点醋，能感到更咸。还有更简单的现象就是，如果喝了糖水再吃水果，会觉得索然无味；喝了糖水后再去尝酸味，则会感到更酸，只是后一种情况属于继时对比，而非"要想甜，加点盐"那样是同时对比的。人的味觉有4种奇妙的规律——对比、相抵、相乘和变味。

味觉还有相互抵消的现象。吃肥肉蘸醋解腻，羊肉放醋去膻，味精可以缓解咸味和糠精的苦味，糖可以减轻苦味和酸味。在药剂配伍中，蔗糖是良好的矫味品，它可以减轻药物中不愉快的味道。水果之所以有甜、酸甜、微酸和酸之分，取决于水果中的糖酸比值。

东北名肴小鸡炖蘑菇，吃起来格外鲜美，其中有味觉的"相乘"现象。因为鸡肉中含谷氨酸，蘑菇中含乌苷酸钠，两者混合，鲜味可增加几十倍。这种"相乘"现象使人得到启迪，20世纪60年代生产了一种特鲜味精，把乌苷酸钠（或肌苷

酸钠）与谷氨酸钠（普通味精）混合，鲜味可增加40~160倍。有趣的是两种糖混合也能增加甜度。蔗糖甜味为1，葡萄糖是0.74，如果将27%的蔗糖与13%的葡萄糖混合，它的甜味竟与40%的蔗糖相似。

知识小链接

谷氨酸，是一种酸性氨基酸。分子内含两个羧基，化学名称为α−氨基戊二酸。谷氨酸是里索逊于1856年发现的，为无色晶体，有鲜味，微溶于水，而溶于盐酸溶液，等电点3.22。大量存在于谷类蛋白质中，动物脑中含量也较多。谷氨酸在生物体内的蛋白质代谢过程中占重要地位，参与动物、植物和微生物中的许多重要化学反应。

铁刀切水果后放置为什么会变黑

苹果是星星最喜欢吃的水果，每晚妈妈都会切苹果给他吃。

这天晚上，妈妈临时出去办点事，出门前告诉星星，让他做完作业去厨房拿切好的苹果吃。

星星写完作业后去拿苹果，发现苹果变色了。他问妈妈，"苹果为什么会变黑？"

妈妈说："大概时间长了些吧！"

星星又问："是所有的水果时间放长了都会变颜色吗？用刀切和手掰会不会都变色呢？"

妈妈被星星的问题难倒了，只好求助于星星爸爸。

星星爸爸说："其实并不是因为苹果放久了会变黑，而是苹果中含有鞣酸成分，鞣酸能和铁反应，当鞣酸遇到金属铁时，生成黑色的鞣酸铁。同样，如果用铁刀切香蕉，也会变黑，而这是因为香蕉内含维生素B群，维生素B群容易氧化，用铁刀切香蕉，使香蕉整个细胞结构破坏得较彻底，加速酵素和水果中的多酚类及空气反应，产生酵素褐变。而用手掰的香蕉和苹果相对没什么变化，这是因为手不会伤害细胞结构，所以细胞褐变不明显（伤口是顺细胞壁裂开的）。"

上面，星星爸爸为我们解释了生活中的现象——用铁刀切水果变黑的原因。苹果发黑，是因为有鞣酸铁作怪，而过度摄入鞣酸铁对人体不利，所以我们要少用铁刀切苹果。而香蕉变黑是一种氧化酵素的原因。平时，它被细胞膜严密地包裹着，不与空气接触。但是，一旦受冻、碰伤，细胞膜破了，那氧化酵素就流出来了，与空气中的氧气发生氧化作用，结果生成一种黑色、复杂的产物。这种物质不利于身体健康，所以香蕉还是趁新鲜的时候吃最好。

小朋友，你尝过鞣酸的味道吗？涩得厉害。一些水果味儿涩，大半是与鞣酸分不开的。例如，柿子的细胞里便有许多鞣酸。一吃涩柿子，嚼破了细胞膜，里头的鞣酸便进了出来，把你的舌头涩得发麻。

纯鞣酸是淡黄色的粉末，很容易溶解在水里。市场上卖的柿子，通常都是预先在石灰水里泡过或者在皮上抹了层石灰。因为石灰能使鞣酸凝固，变得不溶于水，这样，鞣酸再也不会找舌头的麻烦了，柿子也就不涩了。加热，同样也能使鞣酸凝固。所以，有些人喜欢用热水泡柿子，一则去涩，二则除菌。

有时，梨、柿子即使你没用铁刀去切，皮上也会有一些黑色的斑点。这又是一场化学变化。因为鞣酸的分子中含有很多的酚羟基，对光很敏感，而且极易被氧化，变成黑色的氧化物。

知识小链接

少量鞣酸盐对人类无害。若用浅色的织物（如手帕）去擦刀具，因为鞣酸铁不溶于水，手帕上的黑色就不容易洗掉了。要想把手帕中的黑色污渍除掉，就得将它放入稀草酸溶液中浸泡后再用水洗，才能洗干净。

牙膏为何能去除茶渍

星期六这天，妈妈的同事来家里做客，妈妈让玲玲洗几个茶杯，然后给几位叔叔阿姨沏茶，玲玲照做了。

可是过了好几分钟，也不见玲玲从厨房出来，妈妈感到奇怪，就来到厨房。

只见玲玲使劲地拿洗涤剂擦杯子，看到妈妈来，无奈地摇了摇头，说："真没辙，洗不掉啊，杯子这样怎么泡茶给客人喝。"

妈妈笑了笑，从厨房抽屉里拿出一管牙膏，挤了点出来，然后在杯子里搅了几下，不到一分钟的工夫，杯子上的茶渍就都不见了。

玲玲惊奇地看着，然后说："太神奇了，牙膏居然还有这样的功效，妈妈，你怎么知道的啊？"

"那当然了，不然平时你们的茶杯都是谁洗的，哈哈。"

"那为什么牙膏能去茶渍呢？"

的确，茶是中国的特色饮品，有益健康，品种多、口味丰

富，是很多人的日常饮品。也因此有一个问题困扰着喜茶、爱茶之人，那就是杯子上留下的茶渍。不透明的杯子还好点，如果是透明的玻璃杯，看上去就很影响美观和品茶的心情了。那么，如何去茶渍呢？其实，最为经济有效的方法就是牙膏。

牙膏之所以能去茶渍，是因为牙膏的主要成分是摩擦剂，它能使牙菌斑、软垢和食物残渣比较容易被刷下来。另外，牙膏里含过氧化氢能清除斑渍。

接下来，我们看看如何用牙膏去茶渍：

（1）准备一只需要清洗茶渍的杯子。

（2）将杯子用水涮洗一下，把水倒掉，目的是让杯子里面润湿。

（3）找一支牙膏，对牙膏的品牌、口味和功效等均没有要求。将牙膏挤到杯子里，根据杯子里茶渍的严重情况，决定牙膏的用量。

（4）用抹布将牙膏弄到杯壁上，并不断擦拭，确保所有地方都能擦到，污渍重的地方可以稍用力多擦几下。

（5）最后用清水涮洗干净，干净的杯子就回来啦。

当然，如果杯子上的茶渍时间较长且比较严重，可以用水泡半小时之后再刷。牙膏的量如果把握不好，可以先少弄一些，如果不能完全去除，再增加牙膏的量。

知识小链接

摩擦剂是牙膏中能够和牙刷共同作用，擦去牙齿表面牙垢，减轻牙渍、牙菌斑、牙结石等外来物质的固体原料成分。

传统的摩擦剂都是含钙化合物，如磷酸氢钙、碳酸钙等，由于与牙齿的硬组织成分相似，还被认为有补充牙齿组织缺损的作用。1960年之后，出现了非钙化合物作为摩擦剂，如沉淀二氧化硅、氢氧化铝等。

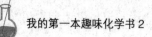 霜打过的青菜味道会变甜是怎么回事

转眼，天气转凉了，开始下霜了，早上出门上班、上学都要添衣服了，这不，小丫出门前，妈妈还嘱咐她加件外套。

晚上放学一回家，小丫就闻到了蘑菇青菜汤的味道，清香四溢。

"妈妈，晚上有蘑菇青菜汤？"

"是的，去洗洗手就吃饭了。"

"好嘞。"

晚饭时间，全家人在一起吃饭。

小丫说："奇怪，今天的青菜怎么甜甜的，和春夏时的青菜味道不一样。"

"是啊，下霜过后，青菜就更好吃了……"爸爸补充道。

"这是为什么呢？"

天气寒冷，温度降到零度以下，对上学的孩子们来说着实痛苦，但对于一些"吃货"来说，却有一样美味正逢时——"打霜菜"。最近到农贸市场买菜，你会看到各种"打霜菜"

的宣传牌子，比如"本地露天菠菜，打霜菜，特好吃"。

在民间就有这样的说法："霜打的蔬菜分外甜。"每到隆冬季节，霜降严重的时候，上市的青菜经过霜打，吃起来味道甜美。

为什么霜打的青菜特别好吃呢？这是有科学依据的。"青菜里含有淀粉，淀粉不仅不甜，而且不容易溶于水。但是到了霜降后，青菜里的淀粉在植株内淀粉酶的作用下，由水解作用变成麦芽糖酶，又经过麦芽糖的作用变成葡萄糖。葡萄糖很容易溶解在水中，而且是甜的，所以青菜也就有了甜味。"

那么，为什么这种变化出现在冬季呢？那是因为由于青菜的植株内淀粉变成葡萄糖溶解于水，细胞液中增加了糖分，细

胞液就不容易破坏，青菜也就不容易被霜打坏。由此可知，冬天青菜变甜，是青菜自身适应环境变化、防止冻害的现象。在霜降的季节里，其他的蔬菜如菠菜、白菜、萝卜、芹菜、花菜等吃起来味道甜美，也是同样的道理。

打过霜的青菜好吃，营养多，有益健康。青菜含维生素和矿物质最丰富，如果每天吃500克青菜，就能满足人体所需的维生素、胡萝卜素、钙、铁等，为保证身体的生理需要提供物质条件，有助于增强机体免疫能力。

知识小链接

霜是一种白色的冰晶，多形成于夜间。

霜的形成不仅和当时的天气条件有关，而且与所附着的物体的属性也有关。当物体表面的温度很低，而物体表面附近的空气温度却比较高时，在空气和物体表面之间有一个温度差，如果物体表面与空气之间的温度差主要是由物体表面辐射冷却造成的，则在较暖的空气和较冷的物体表面相接触时空气就会冷却，达到水汽过饱和的时候多余的水汽就会析出。如果温度在0℃以下，则多余的水汽就在物体表面上凝华为冰晶，这就是霜。

夜半鬼火是怎么回事

周六这天上午，小新来找小杰踢球，小杰还没起床。

小新就钻进小杰房间，说："懒虫，起来啦。"

"困死了，今天不踢了行吗？"小杰说。

"你说话不算数啊，上周就说好了这个周末一起踢球的。"小新不高兴了。

"哎，我昨晚没怎么睡，实在太困了。"

"你抓贼去了啊，大晚上的不睡觉。"

"不是，是见鬼了，吓得一晚上没睡。"小杰说。

"你不想踢就直接说嘛，何必编这么荒唐的借口。"

"真的呀，我不骗你，以我的人格发誓，我说的每句话都是真的。"小杰从被窝里坐起来。

"什么情况？"

"昨天不是周五嘛，我想着第二天不上学，就直接坐公交车去我乡下爷爷家了。然后跟村里几个小伙伴去了他们中学操场打篮球，回去比较晚，经过一片树林，天哪，我竟然看见鬼火了，一闪一闪的，起初我以为是谁家灯火呢，但那儿根本没有住人呀。我当时吓出一身冷汗，使劲儿往回跑，但令我想不到的是，那鬼火居然追着我跑，我真是吓坏了，差点摔着。最后我又坐夜班车回来了，回来我就钻被窝，大气不敢出。"小杰还惊魂未定的样子。

因为房间的门是开着的，小杰的爸爸听到了他们的对话。他说："其实，儿子，你遇见的并不是鬼火，而是自然界的一种现象——磷的燃烧。这是因为夏天……"

的确，如果酷热的盛夏之夜，你耐心地去凝望那野坟墓冢较多的地方，也许你会发现有忽隐忽现的蓝色的星火之光。这就是迷信的人们所说的"那是死者的阴魂不断，鬼魂在那里徘

徊"，即所谓"鬼火"。有的人还说，如果有人从那里经过，那些"鬼火"还会跟着人走呢。

由于民间不知"鬼火"的成因，只知这种火焰多出现在有死人的地方，而且忽隐忽现，因此称这种神秘的火焰为"鬼火"，认为是不祥之兆，是鬼魂作祟。世界各地皆有关于鬼火的传说。例如在爱尔兰，鬼火就衍生为后来的万圣节南瓜灯；安徒生的童话中也有以鬼火为题的故事《鬼火进城了》。

难道真是"鬼火"吗？真的是死人的阴魂吗？不是的，人死了，人的一切活动也都停止了，根本不存在什么脱离身躯的灵魂。

"鬼火"实际上是磷火，是一种很普通的自然现象。它是这样形成的：人体内部，除绝大部分是由碳、氢、氧三种元素组成外，还含有其他一些元素，如磷、硫、铁等。人体的骨骼和磷脂里含有较多的磷。人死了，躯体埋在地下腐烂，发生着各种化学反应。磷由磷酸根状态转化为磷化氢。磷化氢是一种气体物质，燃点很低，在常温下与空气接触便会燃烧起来。磷化氢产生之后沿着地下的裂痕或孔洞冒出，在空气中燃烧并发出蓝色的光，这就是磷火，也就是人们所说的"鬼火"。

"鬼火"为什么多见于盛夏之夜呢？这是因为盛夏天气炎热，温度很高，化学反应速度加快，磷化氢易于形成。由于气温高，磷化氢也更易于自燃。

那为什么"鬼火"还会追着人"走动"呢？大家知道，在夜间，特别是没有风的时候，空气一般是静止不动的。由于磷火很轻，如果有风或人经过时带动空气流动，磷火也就会跟着空气一起飘动，甚至伴随人的步子，你慢它也慢，你快它也快；当你停下来时，由于没有任何力量来带动空气，所以空气也就停止不动了，"鬼火"自然也就停下来了。这种现象决不是什么"鬼火追人"。

知识小链接

磷是第15号化学元素，符号P，处于元素周期表的第三周期、第VA族。磷存在于人体所有细胞中，是维持骨骼和牙齿的必要物质，几乎参与所有生理上的化学反应。磷还是使心脏有规律地跳动、维持肾脏正常机能和传达神经刺激的重要物质。没有磷时，烟酸（又称为维生素B_3）不能被吸收；磷的正常机能需要维生素D（维生素食品）和钙（钙食品）来维持。

霓虹灯为什么是五颜六色的

　　小美的姑姑生活在农村，与小美家离得很远，所以姑姑不经常来小美家。

　　暑假的时候，姑姑带来了小表妹西西。西西很乖巧，小美很喜欢她。

　　这天晚上，吃完晚饭后，小美跟长辈们打了招呼后，就带着表妹去公园了。公园里可热闹了，孩子们有的在滑旱冰，有的玩玩具车，也有的在玩电子设备，这可把西西看花眼了。

　　"姐姐，这么多好玩的东西，真好。"西西说。

　　"那你以后经常来呀，现在交通很方便。"

　　小美说完，西西点了点头，但转眼，眼神又转向别处了，原来西西在看公园边上闪烁的霓虹灯。

　　"西西，我们不能走太远，晚上不安全。"小美提醒她。

　　"我知道，我就是好奇，为什么灯能有那么多颜色。"

　　"因为那是霓虹灯啊，与我们家里用的灯不一样的。"

　　"那为什么不一样呢？"

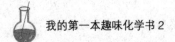

"你这可把我难倒了，不过我爸知道，他是老师嘛……"
小美有点不好意思。

暮色降临，华灯初上。色彩绚丽的霓虹灯组成了各种文字和图案，把整个闹市区装点得如火树银花一般，让人目不暇接。

当你在观察这城市美景时，可曾想过，为什么霓虹灯会发出五颜六色的光呢？

人类最早使用的电灯叫白炽灯，是发明家爱迪生研制成功的。这种灯是让电流通过灯丝，达到白炽状态后发光，效率很低，因为大部分电能都变成了热耗损掉了，只有小部分转化为光。1802年，美国有位科学家叫休伊特，他设想，如果在真空的玻璃管里不装灯丝，而填充一些气体，让气体受激发光，岂不可以减少热损耗？于是他把少量水银蒸气填充到真空管里，在灯管的两端引出两个电极，加上电压后，水银蒸气在电弧激发下发出炫目的辉光。这种灯光光谱与太阳光接近，亮度很强，很适合于拍摄电影。后来，大家都叫它水银灯。

水银灯的成功引起了人们的兴趣，既然水银蒸气通电后会发光，那么别的气体行不行呢？于是有人想起，在十几年前化学家们找到了几种性格很不活泼的惰性气体。这类气体性质很稳定，几乎不与别的物质发生反应，用它们来受激发光倒是

一个很好的选择。1910 年，法国化学家克劳德把无色的惰性气体氖充入灯管，通电后，氖气受到电场的激发，放出橘红色的光。氖灯射出的红光，在空气中穿透力很强，可以穿过浓雾。因此氖灯常用在港口、机场和交通线的灯标上。根据"氖灯"的英文译音，人们把这类灯叫作霓虹灯。

氩是另一种惰性气体，在空气里含量大约为 1%，比较容易获得，在电场的激发下，氩会射出浅蓝色的光，因此它也被用来填充到霓虹灯管里。除了氖和氩之外，有的霓虹灯里充进氦气，它会射出淡红色的光；有的霓虹灯还充进了氖、氩、氦和水银蒸气四种气体（或三种、两种）的混合物，由于各种气体的比例不同，便能获得五颜六色的霓虹灯了。

那么，为什么不同的气体发出的光会有不同的颜色呢？我们知道，原子是由原子核和若干绕核旋转的电子组成的。电子允许在若干特定的轨道上运行。内层的电子受到电场的激发会吸收"一份"能量跃迁到某个外层轨道上，处于受激状态。由于受激状态很不稳定，过不了一会儿，电子又会跃迁回原来的轨道，并把刚才吸收的那"一份"能量以光的形式辐射出来。这一份能量恰好等于原子在受激状态和初始状态的能量之差。显然，不同的气体有不同的原子结构和能级，吸收和辐射的那一份能量就有大有小。所以由这"一份"能量决定的辐射光的频率就不一样，而光的颜色完全由频率决定，所以，充入各种不同气体的霓虹灯，就发出了五颜六色的光。

知识小链接

惰性气体又称稀有气体，是指元素周期表上的18族元素（IUPAC新规定，即原来的O族）。在常温常压下，它们都是无色无味的单原子气体，很难进行化学反应。天然存在的惰性气体有六种，即氦（He）、氖（Ne）、氩（Ar）、氪（Kr）、氙（Xe）和具放射性的氡（Rn）。

第 2 章

学习化学，记住这些化学基础小常识是前提

小朋友，我们提到化学，就要提到化学元素，就要提到各种气体，那么，你是否知道，大气中最轻的气体是什么呢？二氧化碳是什么气体呢？煤气中毒指的又是什么气体呢？元素周期表又是如何记录元素的呢……带着这些问题，我们一起来学习一些化学的基础知识吧！

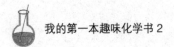 ## 什么是元素周期表

　　小美和西西从公园回家之后，咨询了爸爸关于霓虹灯的颜色问题，从问题的答案中，他们了解到了什么是惰性气体，原来惰性气体是指元素周期表上的18族元素。

　　然而，新的问题又产生了，小美问爸爸："爸爸，那么，什么是元素周期表呢？"

　　"哈哈，我忘记了你们还没学过化学，元素周期表是学习化学的前提，它是……"

　　化学元素周期表是根据原子序数从小至大排序的化学元素列表。列表大体呈长方形，某些元素周期中留有空格，使特性相近的元素归在同一族中，如卤素、碱金属元素、稀有气体等。这使周期表中形成元素分区且分有7主族、7副族与0族、8族。由于周期表能够准确地预测各种元素的特性及其之间的关系，因此它在化学及其他科学范畴中被广泛使用，是分析化学行为时十分有用的框架。

　　现代化学的元素周期律是1869年俄国科学家门捷列夫

（Dmitri Mendeleev）首创的，他将当时已知的63种元素依相对原子质量大小以表的形式排列，把有相似化学性质的元素放在同一列，制成元素周期表的雏形。经过多年修订后才成为当代的周期表。在周期表中，元素是以元素的原子序排列的，最小的排行最先。表中一横行称为一个周期，一竖列称为一个族。原子半径由左到右依次减小，由上到下依次增大。

　　在化学教科书和字典中，都附有一张"元素周期表（英文：the periodic table）"。这张表揭示了物质世界的秘密，把一些看来似乎互不相关的元素统一起来，组成了一个完整的自然体系。它的发明，是近代化学史上的一个创举，对于促进化学的发展，起了巨大的作用。看到这张表，人们便会想到它的最早发明者——门捷列夫。1869年，俄国化学家门捷列夫按照相对原子质量由小到大排列，将化学性质相似的元素放在同一纵列，编制出第一张元素周期表。元素周期表揭示了化学元素之间的内在联系，使其构成了一个完整的体系，成为化学发展史上的重要里程碑之一。随着科学的发展，元素周期表中未知元素留下的空位先后被填满。当原子结构的奥秘被发现时，编排依据由相对原子质量改为原子的质子数（核外电子数或核电荷数），形成了现行的元素周期表。

　　同一周期内，从左到右，元素核外电子层数相同，最外层电子数依次递增，原子半径递减（零族元素除外）。失电子能力逐渐减弱，获电子能力逐渐增强，金属性逐渐减弱，非金属性逐渐增强。元素的最高正氧化数从左到右递增（没有正价的除外），最低负氧化数从左到右递增（第一周期除外，第二周期的O、F元素除外）。

同一族中，由上而下，最外层电子数相同，核外电子层数逐渐增多，原子序数递增，元素金属性递增，非金属性递减。

元素周期表的意义重大，科学家正是用此来指导对新型元素及化合物的研究。

知识小链接

元素周期表是元素周期律用表格表达的具体形式，它反映元素原子的内部结构和它们之间相互联系的规律。元素周期表简称周期表。元素周期表有很多种表达形式，目前最常用的是维尔纳长式周期表。

氧气——大自然自由呼吸的必备条件

圆圆最近又养死了一盆花，她为此很苦恼。

圆圆和邻居小胖正在看一本关于旅游的书，其中有一篇讲的是去西藏旅游时特别容易缺氧。

圆圆好奇地问小胖："小胖，你说为什么去西藏那边容易缺氧呢？好奇怪啊。"

小胖说："这个我知道。去年我妈妈单位就组织去过西藏旅游。听我妈妈说，因为西藏是高原，所以空气比较稀薄，所以多数人都会感到不同程度的气短、胸闷、呼吸困难等缺氧症状"

圆圆说："氧气对人实在是太重要了。"

小胖说："那当然了，不论是我们人类还是动物、植物都离不开氧气。"

我们人类、动物离不开氧气，绿色植物的生存需要吸收氧气，就像它们需要光合作用一样，因为绿色植物也要吸收氧气进行呼吸作用。

那么，什么是氧气呢？

氧气，化学符号是O_2，相对分子质量32.00，是一种无色无味的气体。熔点-218.4℃，沸点-183℃。难溶于水，1L水中溶解约30mL氧气。在空气中氧气约占21%。

　　氧在自然界中分布最广，占地壳质量的48.6%，是丰富度最高的元素。在烃类氧化、废水处理、火箭推进剂以及航空、航天和潜水中供动物及人进行呼吸等方面均需要用氧。动物呼吸、燃烧和一切氧化过程（包括有机物）都消耗氧气。

　　在金属的切割和焊接中是用纯度93.5%~99.2%的氧气与可燃气（如乙炔）混合，产生极高温度的火焰，从而使金属熔融。强化硝酸和硫酸的生产过程也需要氧。不用空气而用氧与水蒸气的混合物吹入煤气气化炉中，能得到高热值的煤气。

氧气的化学性质比较活泼。除了稀有气体、活性小的金属元素如金、铂、银之外，大部分的元素都能与氧气反应，这些反应称为氧化反应，而经过反应产生的化合物（有两种元素构成，且一种元素为氧元素）称为氧化物。一般而言，非金属氧化物的水溶液呈酸性，而碱金属或碱土金属氧化物的水溶液则为碱性。此外，几乎所有的有机化合物，可在氧中剧烈燃烧生成二氧化碳与水。化学上曾将物质与氧气发生的化学反应定义为氧化反应，氧化还原反应指发生电子转移或偏移的反应。氧气具有助燃性，氧化性。

知识小链接

光合作用，即光能合成作用，是植物、藻类和某些细菌，在可见光的照射下，经过光反应和暗反应，利用光合色素，将二氧化碳（或硫化氢）和水转化为有机物，并释放出氧气（或氢气）的生化过程。

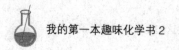 生命之源——水的重要性

天气变化太快，彤彤感冒了。

这天早上，彤彤发烧了，实在起不来，妈妈给她请了假，彤彤吃了感冒药就睡了。

上午的时候，妈妈端来一碗姜汤，彤彤一口气喝了下去。

然后，妈妈问："你感觉怎么样了？"

"比早上好多了，就是感觉好渴。"

妈妈又去倒了好大一杯水，彤彤咕咚咕咚就喝掉了。

妈妈说："这才对嘛，你感冒了，多喝水才会好，再说，'多喝水'这可不是一句空话，平时叫你带个大水杯，你也不干，这下知道了吧。"

的确，水是生命之源，这绝不是一句空话，而是体现了水对人类的重要性。

水在我们的生命中起着重要的作用，它是生命的源泉，是人类赖以生存和发展的最重要的物质资源之一。人的生命一刻也离不开水，水是人生命需要最主要的物质。

对人体而言的生理功能是多方面的，而体内发生的一切化学反应都是在介质水中进行的，没有水，养料不能被吸收；氧气不能运到所需部位；养料和激素也不能到达它的作用部位；废物不能排除，新陈代谢将停止，人将死亡。因此，水是人的生命中最重要的物质。

在地球上，哪里有水，哪里就有生命。一切生命活动都起源于水。人体内的水分，大约占到体重的65%。人体一旦缺水，后果是很严重的。缺水1%~2%，感到渴；缺水5%，口干舌燥，皮肤起皱，意识不清，甚至幻视；缺水15%，往往甚于饥饿。没有食物，人可以活较长时间（有人估计为两个月），如果连水也没有，顶多能活一周左右。

在现代工业中，没有一个工业部门是不用水的，也没有一项工业不和水直接或间接发生关系。更多的工业是利用水来冷却设备或产品，如钢铁厂等。水还常常用来作为洗涤剂，如漂洗原料或产品，清洗设备或地面。每个工厂都要利用水的各种作用来维护正常生产，几乎每一个生产环节都有水的参与。

所以水作为大自然赋予人类的宝贵财富，早就被人们关注。但是人们经常使用"水资源"一词，却是近一二十年的事。关于水资源的定义有几十种之多，较普遍的说法是指"可以供人们经常取用、逐年可以恢复的水量"，也就是通常所指的淡水资源。这样，苦咸的海水就不算在内，连千年难化的冰川、不易取用的一部分地下水也排除在外了。水资源是人类调查了解得最清楚的资源，决不会像煤、铁、石油等资源那样有新的大发现而改变数量结构和分布。水资源是地球生命的需求、为人类服务包括水所具有的发电、航运、养殖、环境等方面的能力。

地球有"水球"之称。"三山七水一分田"，这句俗语比较形象地概括了地球表面的情况。据权威人士估计，地球上的储水量达3.85亿立方千米，如果把这些水平铺在地球的表面，那么地球就会变成一颗平均水深达2700多米的"水球"。

知识小链接

水（H_2O）是由氢、氧两种元素组成的无机物，在常温常压下为无色无味的透明液体。水是最常见的物质之一，是包括人类在内所有生命生存的重要资源，也是生物体最重要的组成部分。水在生命演化中起到了重要的作用。人类很早就开始对水产生了认识，东西方古代朴素的物质观中都把水视为一种基本的组成元素，水是中国古代五行之一；西方古代的四元素说中也有水。

地球上的氧气是取之不尽的吗

圆圆听完小胖阐述完氧气的问题后，对小胖简直是钦佩极了，她以前不知道，小胖原来如此博学。

圆圆继续问小胖："那既然氧气如此重要，而我们每天也在吸收氧气，那地球上的氧气有一天会不会用完呢？"

小胖清了清嗓子，说："暂时是不会用完的，但是我们的空气在逐渐'老化'和污染，氧气质量自然也在下降，为了我们人类的长久发展，我们还是要保护自然，保持生态的平衡……"

的确，氧气是我们人类和地球上所有生物依赖生存的最基本养分，所以许多人都关心这个问题：氧气会有用完的一天吗？

在地球大气中，与人类关系最为密切的莫过于氧气了。早在19世纪，英国有一位著名的物理学家曾经为地球上的氧气有过这样的担心：随着工业的发达和人口的增多，500年后，地球上所有的氧气都将被消耗殆尽，人类将趋于灭亡。这位学者的担心不无道理。看看地球上的生物圈，无论是60亿人口，还是无以计数的动物，甚至包括不进行光合作用的非绿色植物，无时无刻不在吸入氧气，呼出二氧化碳。从19世纪至今，大气成分已发生了明显的改变，大气中的二氧化碳含量大幅上升。这样下去，是不是会有那么一天，地球人的氧气需要实行配额供应呢？

　　从长远来看，地球上的氧气浓度并非一成不变。地球目前已存在了45亿年，而在地球存在的前半期并没有氧气存在，氧只是以元素的状态存在于水或岩石中。之后，氧气才开始出现在大气和海洋中，但在大气中的含量仍不足1%。大约24亿年前，地球中的氧气突然开始聚集，这就是所谓的"大氧化事件"。从大约5.4亿年前的寒武纪开始，地球大气中的氧气含量在15%~30%徘徊。到了大约3亿年前的石炭纪末期，氧气含量达到了空前绝后的35%。在那个时代，恐龙曾经与其他一些体积庞大的动物共同统治着地球。2.5亿年前，稀薄空气可能迫使动物从高纬度地区撤离，聚集到低地，对地球上有史以来最大规模的物种灭绝起到了推动作用。6500万年前，是地球大气含氧显著降低的阶段，正好也是恐龙灭绝的年代。这证明，从长期看，地球上氧气的浓度是有波动的，并且对地球生物圈造成了重大影响。

　　有文献记载，在意大利的一个城市里曾挖出一个密闭的大

坛子。据考证，这个坛子是在1000多年前被维苏威火山爆发的灰尘埋没的。化学家从坛中抽出空气进行分析，发现1000多年前空气中的氧气含量和现在基本相同。

为什么1000年来氧气的浓度没有变化呢？那是因为众所周知的光合作用。据计算，3棵大树每天所吸收的二氧化碳约等于1个人每天所呼出的二氧化碳。每年，全世界的绿色植物从空气中大约吸收几百亿吨的二氧化碳。

还有一只看不见的手在空气中摄取二氧化碳——这就是石头。岩石受着风吹雨打，日子久了，会风化、分解，石灰石中所含的碳酸钙在二氧化碳和水的作用下，变成可溶解的酸式碳酸钙，这种物质每年可消耗掉大约40亿~70亿吨的二氧化碳。

科学家们的研究十分清楚地指出，地球的氧资源是巨大的。除了大气中的氧外，大量的氧存在于海洋中。光合作用和呼吸作用以及燃烧化石燃料、自然界中的岩石风化、金属氧化等消耗的氧在输入、输出上大致平衡，即使光合作用马上停止，仅大气中的氧也够地球上的生物消耗2000年以上。自然界就是这样保持着它自身的平衡。

知识小链接

从道理上说，我们呼吸消耗的氧气是可以再生的，所以地球上的氧气在短时期内不会有短缺现象。我们的森林及绿色食物是大自然的"吸收二氧化碳和制造氧气的工厂"，它们进行光合作用，吸收大气中的二氧化碳，土壤水分和溶解中的无机矿物养料，制造有机物，促成太阳能，释放出新鲜氧气。每当旭日东升，金灿灿的阳光照射在绿色植物的叶子上时，光合作用就开始了，并且周而复始，不断提供新鲜氧气。

尽管如此，科学家们还是不安地发现，空气在不停地老化，而空气的老化标志就是其中的氧气含量在下降。我们应加强危机意识，保护我们的生存环境，并注意减少大气污染。

元素符号为何要用拉丁文

崔小的妈妈是一名化学老师，从小崔小就看着妈妈给学生批改作业，耳濡目染，还在小学阶段的崔小就已经了解了一些化学知识，并且懂得用化学式来表达化学反应。

这天，崔小不小心将妈妈的化学书装进了自己的包里，拿出来的时候，不少同学好奇，问长问短。

"这个长长的字母是啥意思啊？"

"这是化学反应式啊，这些字母是元素符号。"崔小解释着。

"崔小，你真厉害，什么都懂。"

"其实我也不是了解很多啊，只是了解这些最简单的化学反应而已，再高深一些的我就不懂了。"

"那为什么化学中的元素要用拉丁文呢？"突然一位同学问。

"你们看，这个我就不知道了……"

在化学中，元素符号是用来标记元素的特有符号，还可

以表示这种元素的一个原子，大多数固态单质也常用元素符号表示。

为什么元素符号要用拉丁文？1860年秋，门捷列夫参加了在德国卡尔斯卢召开的第一次化学家国际会议。这是世界化学界的第一次盛会，各国著名化学家云集卡尔斯卢。

当时，化学界正处于混乱状态。就拿化学元素的符号来说，各国各搞一套，甚至在同一个国家里，不同的化学家各用一套不同的化学符号。为了统一化学元素的符号，使各国科学工作者之间有共同的、统一的化学语言，便于进行技术交流，在卡尔斯卢会议上，各国化学家共同制定和通过了世界统一的化学符号。这些符号一直沿用到今天。

卡尔斯卢会议决议规定，化学元素的符号，均用该元素的拉丁文开头字母表示。如碳的拉丁文名称为"Carban"，其化学元素符号简记为"C"。如果几种元素名称的第一个字母相同，就在第一个字母（必须大写）后面加上元素名称中另一个字母（必须小写）以示区别，如铜的拉丁文名称为"Cuprum"，其化学元素符号简记为"Cu"。

卡尔斯卢会议除了对化学元素符号作出统一规定之外，还对原子、分子、原子价、原子量等许多化学概念进行了讨论，取得了比较一致的看法。认定：物质是由分子组成的，分子是由原子组成的，这种学说叫作"原子——分子论"，它是现代化学的基础理论。在卡尔斯卢会议之前，有许多人反对"原子——分子论"，法国著名化学家杜马甚至说："如果由我当家做主，我便从科学中删除'原子'二字，因为我确信它是在我们经验之外的。"经过讨论，"原子——分子论"得到了大多数人的承认。

另外，还对化合价和原子量的概念进行了讨论。由于原子的绝对重量很小，不便于用直接称量的方法测定原子的重量，人们决定以碳–12的重量为12来测定它们的相对重量。这相对重量叫原子量。如氧原子的重量是碳–12原子的4/3倍，氧的原子量便为16。人们还发现，在化合物中，各种元素的原子是以整数结合的。如一个水分子，是由一个氧原子和两个氢原子组成的，氢原子的化合价为+1价，那么氧原子则为–2价。一个氯化氢分子，由一个氯原子和一个氢原子组成，氯为-1价，氢为+1价。当时，有人认为在化合物分子中，各种元素的原子不是按固定的比例化合的，也就是说，不存在"化合价"这种概念。经过讨论也逐步明确了化合价的存在。这次会议使化学从长期的混乱状态中走向统一。

知识小链接

　　化合价是一种元素的一个原子与其他元素的原子构成的化学键的数量。一个原子是由原子核和外围的电子组成的，电子在原子核外围是分层运动的，化合物的各个原子是以和化合价同样多的化合键互相连接在一起的。元素周围的价电子形成价键，单价原子可以形成一个共价键，双价原子可形成两个σ键或一个σ键加一个π键。化合价是物质中的原子得失的电子数或共用电子对偏移的数目。化合价也是元素在形成化合物时表现出的一种性质。

二氧化碳——温室效应的罪魁祸首

转眼，冬天来了，人们穿上了棉衣、羽绒服，但大家普遍感觉这个冬天不太冷。

这不，已经是农历说的"三九天"了，气温还在10℃。

周末这天中午，小美只穿了件卫衣就要出门，被妈妈拦住了："大冬天的，你不穿个棉衣吗，冻感冒了怎么办？"

小美说："拜托，妈，这天气，你觉得会冻感冒吗？都十几度了。"

小美妈妈说："你说的也是，说来也奇怪，好多年没见下雪了呢，每年冬天都感觉不太冷。我记得我们小的时候，水面冻实了的时候，我们都能在上面滑冰呢。"

小美接着说："那为什么现在冬天变暖和了呢？"

妈妈回答："我听新闻上说，这叫全球气候变暖，而罪魁祸首是二氧化碳，它主要来自汽车尾气的排放，还有工业污染。"

这里，小美妈妈说的二氧化碳，是一种在常温下无色无味无臭的气体。现在全球气温越来越高，是因为二氧化碳增多造成的。

空气中一般含有约0.03%的二氧化碳，但由于导致温室效应，使全球气候变暖、冰川融化、海平面升高……一方面，天然气燃烧产生的二氧化碳，远远超过了过去的水平。另一方面，由于对森林乱砍、乱伐，大量农田建成城市和工厂，破坏了植被，减少了将二氧化碳转化为有机物的条件。再加上地表水域逐渐缩小，降水量大大降低，减少了吸收溶解二氧化碳的条件，破坏了二氧化碳生成与转化的动态平衡，致使大气中的二氧化碳含量逐年增加。

温室效应是指透射阳光的密闭空间由于与外界缺乏热交换而形成的保温效应，就是太阳短波辐射可以透过大气射入地面，而地面增暖后放出的长波辐射却被大气中的二氧化碳等物质所吸收，从而产生大气变暖的效应。大气中的二氧化碳就像一层厚厚的玻璃，使地球变成了一个大暖房。据估计，如果没有大气，地表平均温度就会下降到-23℃，而实际地表平均温度为15℃，这就是说，温室效应使地表温度提高至38℃。

如果二氧化碳含量比现在增加一倍，全球气温将升高3~5℃，两极地区可能升高10℃，气候将明显变暖。气温升高，将导致某些地区雨量增加，某些地区出现干旱，飓风力量增强，出现频率也将提高，自然灾害加剧。更令人担忧的是，由于气温升高，将使两极地区冰川融化，海平面升高，许多沿海城市、岛屿或低洼地区将面临海水上涨的威胁，甚至被海水吞没。20世纪60年代末，非洲撒哈拉牧区曾发生持续6年的干旱。由于缺少粮食和牧草，牲畜被宰杀，饥饿致死者超过150万人。

这是"温室效应"给人类带来灾害的典型事例。因此，必须有效地控制二氧化碳气体的排放，控制人口增长，科学使用燃料，加强植树造林，绿化大地，防止温室效应给全球带来巨大灾难。

知识小链接

二氧化碳的化学式为CO_2，化学式量为44.01，碳氧化物之一，俗名碳酸气，也称碳酸酐或碳酐。常温下是一种无色无味气体，密度比空气略大，溶于水（1体积H_2O可溶解1体积CO_2），并生成碳酸。固态二氧化碳俗称干冰，升华时可吸收大量热，因而用作制冷剂，如人工降雨，也常在舞美中用于制造烟雾（干冰升华吸热，液化空气中的水蒸气）。

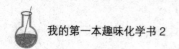

无形的杀手——一氧化碳

这天一大早，梅梅就被外面的救护车声音吵醒了，她穿好衣服跑到阳台上，刚好妈妈也在。

梅梅："妈妈，什么情况？"

妈妈："听不清，叽叽喳喳的，好像小区里有人煤气中毒了。"

梅梅："是我们做饭用的煤气吗？那个有毒啊，有毒怎么还可以用来做饭呢？"

妈妈："是啊，煤气中毒其实是一氧化碳中毒，严重的会导致昏迷、死亡……"

这里，梅梅妈妈提到的关于一氧化碳的危害确实存在。一氧化碳是无色、无臭、无味气体，但吸入对人体有十分大的伤害。它会与血红蛋白结合生成碳氧血红蛋白，使血红蛋白失去携带氧气的能力，这种情况被称为血缺氧。

一氧化碳中毒后，症状表现有以下几种情况：

（1）轻度中毒。患者可出现头痛、头晕、失眠、视物模糊、耳鸣、恶心、呕吐、全身乏力、心动过速、短暂昏厥。血中碳氧血红蛋白含量达10%~20%。

（2）中度中毒。除上述症状加重外，口唇、指甲、皮肤黏膜出现樱桃红色，多汗，血压先升高后降低，心率加速，心律失常，烦躁，一时性感觉和运动分离（即尚有思维，但不能行动）。症状继续加重，可出现嗜睡、昏迷。血中碳氧血红蛋白约在30%~40%。经及时抢救，可较快清醒，一般无并发症和后遗症。

（3）重度中毒。患者迅速进入昏迷状态。初期四肢肌张力增加，或有阵发性强直性痉挛；晚期肌张力显著降低，患者面色苍白或青紫，血压下降，瞳孔散大，最后因呼吸麻痹而死

亡。经抢救存活者会有严重的并发症及后遗症。

那么，发现有人煤气中毒该怎么办呢？

（1）发现有人煤气中毒，应赶紧将病人移动到通风、氧气充足的地方。轻度的煤气中毒病人应予以呼吸到新鲜的空气，家里有吸氧机的，可以就地吸氧。重度的煤气中毒病人应送往就近的医院进行医治。

（2）你发现的煤气中毒病人如果呈昏迷状态，应立即拨打120急救电话，再把房间内的窗户打开进行换气、通风，使房间内保持空气流通，迅速地把病人抢出来，放在空气流通的地方。

（3）要及时解开病人的衣扣，松开裤带，并清理呼吸道的分泌物，使呼吸道保持通畅，来减轻病人的痛苦，再把病人的头弄向一侧方向，防止窒息而造成死亡，然后，多在病人身上穿几件衣服，注意保暖。如果发现病人的心脏、呼吸已停止，千万不要惊慌，应立刻进行人工呼吸和心脏按压，等待救护车送往医院。

（4）要对中毒现场的煤气来源进行检查，并断掉其煤气来源。如家里面使用管道煤气的，要检查连接管是否老化；取暖用的煤炉烟道是否堵塞、衔接不严等。

（5）要一只手托起病人下颌使头部充分后仰，另一只手紧捏病人的鼻孔，并用这只手翻开病人的嘴唇，进行嘴对嘴的大口吹气，让气体从中毒病人肺部排出，若发现病人没什么反应，应立即送往就近的医院进行系统的治疗。

知识小链接

一氧化碳燃烧时发出蓝色的火焰，放出大量的热，因此一氧化碳可以作为气体燃料。一氧化碳作为还原剂，高温时能将许多金属氧化物还原成金属单质，因此它常被用来冶炼金属，如将黑色的氧化铜还原成红色的金属铜，将氧化锌还原成金属锌等。

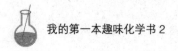

大气中最轻的气体——氢气

元旦这天，天天和妈妈来到中心购物广场，看到好多商店在做促销活动，还有一些售卖小玩意儿的商贩，热闹极了。

天天注意到，有家新商店这天开业，开业典礼的时候，放了很多气球。

天天问妈妈："妈妈，那些气球为什么能飞上天呢？"

妈妈："因为这些是氢气球啊。"

"氢气球为什么就可以呢？"

"因为氢气是大气中最轻的气体……"

氢气是世界上已知的最轻的气体。它的密度非常小，只有空气的1/14，即在标准大气压，0℃下，氢气的密度为0.0899克/升。

轻质袋状或囊状物体充满氢气，靠氢气的浮力可以向上漂浮的物体就叫氢气球。氢气球一般有橡胶氢气球、塑料膜氢气球和布料涂层氢气球三种，较小的氢气球，当前多用于儿童玩具或喜庆放飞用。较大的氢气球用于飘浮广告条幅，也叫空飘氢气球。气象上用氢气球探测高空，军事上用氢气球架设通信天线或发放传单。

世界上第一个氢气球诞生在1780年，是法国化学家布拉克把氢气灌入猪膀胱中制成的。

氢气球里注入的是氢气，氢原子是元素周期表中的第一个。它只含一个质子，相对分子量最小，密度最小。其实只要是注入密度比空气轻的气体都可以飞上天，但是就不叫"氢气球"了。我们玩氢气球时也要注意安全，因为氢气与其他物体摩擦产生静电及遇到明火、高温、电火花，会使易燃易爆性的氢气燃烧爆炸。如果在人口密集区存有大量氢气球，就要当心自身的安全！注意不要把氢气和氯气混合，当它们的比值达到1∶1时，即使阳光直射也会发生爆炸。现在气球充氦气的比较多，因为氦气是惰性气体，比较安全。

知识小链接

氢气是无色无味的气体，标准大气压下密度是0.09克/升（最轻的气体），难溶于水。在标准大气压下，温度达到-252℃变成无色液体；-259℃时变为雪花状固体。

常温下氢气的性质很稳定，不容易跟其他物质发生化学反应。但当条件改变时，如点燃、加热、使用催化剂等情况就不同了。如氢气被钯或铂等金属吸附后具有较强的活性，特别是被钯吸附时。金属钯对氢气的吸附作用最强。当空气中的体积分数为4%~75%时，遇到火源可引起爆炸。

第 3 章

寻根究源，看看维生素在人体中的"未知数"

生活中，相信不少小朋友都听过"维生素"，维生素是维持人体正常功能不可缺少的营养素，是一类与机体代谢有密切关系的低分子有机化合物，是物质代谢中起重要调节作用的许多酶的组成成分。人体对维生素的需求量虽然微乎其微，但其作用却很大。当人体内维生素供给不足时，能引起身体新陈代谢的障碍，从而造成皮肤功能的障碍。既然维生素如此重要，那我们就来看看维生素是如何被发现以及如何对人体起作用的吧。

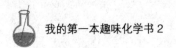 维生素A对人体的作用

这天晚饭，妈妈倒了一杯温开水，递给在看电视的奶奶，然后从茶几的小抽屉里拿出一个小瓶子，再拿出一个小药片，递给奶奶，说："妈，来，把这个吃了。"

小丫走过去问妈妈："妈妈，奶奶生病了吗？"

"没有呀。"妈妈说。

"那你怎么拿药给奶奶吃呢？"小丫很好奇。

"哈哈，这不是药，是维生素A，有助于缓解奶奶脸上的斑。"

奶奶也笑着说："我孙女儿懂得疼人了啊，真好。"

小丫也笑了，其乐融融。

上面小丫奶奶吃的维生素A，确实对缓解老年斑有很好的效用。

其实，维生素最早出现在人们视野中是唐朝孙思邈在《千金要方》中记载，动物肝脏可治疗夜盲症。动物肝脏中就含有大量的维生素A，只是当时还没有维生素的概念。

1913年，美国戴维斯等4位科学家发现，鱼肝油可以治愈干眼症，并从鱼肝油中提纯出一种黄色黏稠液体。1920年，英国科学家曼俄特将其正式命名为维生素A。国际上正式将维生素A看作营养上的必需维生素，缺乏后会导致夜盲症。

维生素A是脂溶性的醇类物质，有多种分子形式。其中维生系A_1主要存在于动物肝脏、血液和眼球的视网膜中，又叫视黄醇，熔点64℃，分子式$C_{20}H_{30}O$；维生素A_2主要在淡水鱼中存在，熔点只有17~19℃，分子式$C_{20}H_{28}O$。

维生素A是构成视觉细胞中感受弱光的视紫红质的组成成分，视紫红质由视蛋白和视黄醛组成，与暗视觉有关。

人体缺乏维生素A，会影响暗适应能力，如儿童发育不良、皮肤干燥、干眼症、夜盲症。

具体来说，维生素A的效用有以下几种：

（1）防止夜盲症和视力减退，有助于多种眼疾的治疗（维生素A可促进眼内感光色素的形成）。

（2）有抗呼吸系统感染作用。

（3）有助于免疫系统功能正常。

（4）生病时能早日康复。

（5）能保持组织或器官表层的健康。

（6）有助于缓解老年斑。

（7）促进发育，强壮骨骼，维护皮肤、头发、牙齿、牙床的健康。

（8）外用有助于对粉刺、脓包、疖疮、皮肤表面溃疡等症的治疗。

（9）有助于对肺气肿、甲状腺机能亢进的治疗。

（10）有助于治疗脱发。

知识小链接

维生素A的化学名为视黄醇，是最早被发现的维生素。维生素A在人体内的存在形式有两种：一种是维生素A醇（Retionl），是最初的维生素A形态（只存在于动物性食物中）；另一种是胡萝卜素（Carotene），在体内转变为维生素A的预成物质（provitamin A，可从植物性及动物性食物中摄取）。维生素A的计量单位是USP单位（United States Pharmocopea）、IU单位（International Units）、RE单位（Retinol Equivalents）这3种。

维生素B的历史故事

已经是晚上十一点了，妈妈还在等爸爸，小新也没有睡。

小新的爸爸是一名销售经理，经常需要应酬，半夜回来也是常有的事，而回来也是醉醺醺的，然后，第二天还是要坚持上班。

十二点多的时候，爸爸终于回来了，一回来，爸爸就问："儿子睡了吗？"

"睡了。你也洗洗赶紧睡吧。"

"嗯。"

"对了，床头的维生素B记得吃。"

"我知道了。"

第二天，小新起床的时候，爸爸已经出门了。

小新问妈妈："维生素B是什么？为什么让爸爸吃这个呢？"

"爸爸老喝酒，对肝脏不好，维生素B能排毒。"

"是的，爸爸太辛苦了。"

维生素B旧称维他命B，是B族维生素的总称，它们常常来自于相同的食物来源，如酵母等。维生素B曾经被认为是像维生素C那样具有单一结构的有机化合物，但是后来的研究证明它其实是一组有着不同结构的化合物，于是它的成员有了独立的名称，如维生素B_1、维生素B_2等。

B族维生素有十二种以上，被世界一致公认的人体必需维生素有九种，全是水溶性维生素，在体内滞留的时间只有数小时，必须每天补充。

维生素B大家族中，主要包括维生素B_1、维生素B_2、维生素B_3（烟酸）、维生素B_5（泛酸）、维生素B_6、维生素B_9（叶酸）维生素B_{12}（钴胺素）等。

那么，维生素B有什么故事呢？

维生素B_1是最早被人们提纯的维生素。1896年荷兰科学家伊克曼首先发现，1910年波兰化学家丰克从米糠中提取和提纯。它是白色粉末，易溶于水，遇碱易分解。它的生理功能是能增进食欲，维持神经正常活动等，缺少它会得脚气病、神经性皮炎等。

维生素B_2又名核黄素。1879年英国化学家布鲁斯首先从乳清中发现，1933年美国化学家哥尔倍格从牛奶中提取，1935年德国化学家柯恩合成了它。

维生素B_7（也称为生物素）是B族复合维生素的一部分。"Vincent DuVi克neaud"在1940年首先发现了这种生物素。维生素B_7的主要作用是帮助人体细胞把碳水化合物、脂肪和蛋白质转换成它们可以使用的能量。

维生素B_8是水溶性维生素，又称为生物素。它对于保障人体能量的产生起着十分重要的作用。维生素B_8能促进人体对营养物质的消化和吸收，对神经组织的健康起促进作用。

维生素B_{12}，于1947年由美国女科学家肖波在牛肝浸液中发现，后经化学家分析，它是一种含钴的有机化合物。它的化学性质稳定，是人体造血不可或缺的物质，缺少它会产生恶性贫血症。

知识小链接

B族维生素是推动人体内新陈代谢，把糖、脂肪、蛋白质等转化成热量时不可缺少的物质。如果缺少B族维生素，则细胞功能就会马上降低，引起代谢障碍。这时，人体会出现怠滞和食欲不振。因此，喝酒过多导致的肝脏损害，在许多场合下是和B族维生素缺乏症并行的。

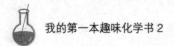

维生素C的发现史

天天知道妈妈最喜欢吃甘蔗。这天放学时，他用自己的零花钱在小区门口买了一袋甘蔗，回来就拿给妈妈。

"我家宝贝知道疼妈妈了，我真幸福。"说完，妈妈就开始拿起甘蔗吃。

"哎呀。"

"怎么了？"

"牙龈出血了。"妈妈捂着嘴说。

"怎么回事，我啃甘蔗都没事呢？"

"没事，我的牙龈老出血，过几天我买瓶维生素C吃吃就好了。"妈妈说。

"维生素C是什么？能治疗这个吗？"

"维生素C是人的身体必须要摄入的维生素，一旦缺乏，就像我这样，牙龈易出血。"

维生素C又叫L-抗坏血酸，是一种人体无法自身合成的水溶性维生素，水果和蔬菜中含量丰富。在氧化还原代谢反应中起调节作用，缺乏它可引起坏血病。正常情况下，维生素C绝大部分在体内经代谢分解成草酸或与硫酸结合生成抗坏血酸–2–硫酸由尿排出，另一部分可直接由尿排出体外。

维生素是人体需要的六大营养素中被发现得最晚的一类。人类因缺乏维生素C所经受的痛苦和生命威胁，已经不知过去多少年了。从埃及发现的古代象形文字中，有人认为，以牙龈和皮肤出血为特征的坏血病在三千年以前就有了。古希腊的希波克拉底（公元前460~公元前377）记载的一种病，也是指坏血病。

曾有人对坏血病作过较详细的描述：病来时脚和腿突然感到疼痛，牙龈和牙齿被一种坏疽侵袭，病人不能进食。腿上骨骼发生病变，呈可怕的黑色（由于骨膜下出血），疼痛不止。

在航海中，船员患坏血病的例子记载最多。例如，詹姆斯·林德医师于1755年收集的资料中，就有记载关于1535年的第二次探险队的情况："正是12月，到达纽芬兰靠岸时，遇上很严重的疾病，患者先是感到浑身无力，站立不起来，接着双腿肿胀，肌腱萎缩变为黑色。有的病人皮肤布满出血点，成为紫色。口腔有恶臭，牙龈腐烂，肌肉消失。这种可怕的病传播很快，在两个月内，使8人死亡，50余人失去恢复健康的希望。"

理查德·哈金斯爵士于1593年曾有用柠檬汁治疗坏血病的记载："1600年，新成立的东印度公司组织船队第一次由英国驶往东印度。船长詹姆斯·兰坎斯忒在自己所乘的旗舰上准备了柠檬汁。当这个舰上的船员稍出现坏血病症状时，即于每日清晨服用3满匙的柠檬汁，当船队到达南非好望角时，船队中很多人患了坏血病，全队424人中有105人死于坏血病，而在旗舰上的人员无一死亡。这一经验由东印度公司的医师于1639年总结出来，但当时人们根本没有认识到这是由于营养缺乏所致。

巴赫斯特如姆是第一个认为坏血病是一种营养缺乏病的人。他记载道："在航行中，当船抵达格陵兰岛时，一个船员患了坏血病，同伴们把他送到岸上，认为他已毫无恢复健康的希望，只有让他在该岛上病死，以免传染给其他人。这个可怜的人已经不能走路了，只能在地上爬行，岛上布满了植物，他只有像牲畜一样啃吃这些植物。但他却奇迹般地完全恢复了健康，并返回了家乡。后来有人发现他吃的恰好是植物学上属于十字花科的一种对治疗坏血病有特效的药草，名叫'坏血病草'。"但这一发现并没有很快得到应用。

1747年，詹姆斯·林德根据人们早期对坏血病的叙述记载和自己的观察，在停泊于英吉利海峡的装有火炮的军舰上，对坏血病的治疗开始进行实验研究。当时，海员们已在船上停留了2个月，其中有12人患了坏血病，病情都比较严重。林德让他们分组进食，以比较不同食物的作用，其中2人每天吃2个橘子，1个柠檬，以6天为一个疗程。

林德的实验结果是十分明显的。6天后，病人的症状都大为减轻，其中一人已能值勤。26天后，两个人都完全恢复了健康。

通过实验，林德比较了不同的治疗方法，并记录了全部观察结果。英国著名的航海家和探险家詹姆斯·库克演示了林德实验的有效性，在他第二次去南极探险并环球航行时，所到之处，都利用各种机会给他的海员提供新鲜水果和蔬菜，并改善生活环境。虽然这次航海历时3年（1772~1775），但竟无一个人患坏血病，这说明新鲜的水果和蔬菜可预防坏血病。因此，他于1776年被选为英国皇家学会会员，并被授予"预防坏血病"的奖章。

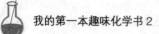

在埃克曼发现抗脚气病的物质后，寻找抗坏血病物质的工作也展开了。1912年，有人发现豚鼠也会患坏血病，但只要在饲料中增加一点白菜，它就不会患病。后来终于在白菜等几种蔬菜中找到了这种水溶性维生素。1920年，英国生物化学家杰克·德鲁蒙提出抗坏血病物质应该有自己的代表字母，于是把它叫作"维生素C"。

知识小链接

维生素C的发现，改变了人类的饮食方式，也改变了人们对疾病的认识，避免了维生素C缺乏症的困扰，增进了人类的健康。因此，维生素C的发现是生物学史上又一个重要的里程碑。

维生素D的发现过程

　　小丫最近发现奶奶的身体大不如从前，妈妈带奶奶去医院检查，医生说奶奶缺钙，建议奶奶多吃钙片。

　　为此，妈妈去了大药房，药房人员说："缺钙的话，最好搭配着维生素D吃，效果更好。"

　　妈妈问："为什么呢？"

　　药房人员说："维生素D是一种重要的维生素，老年人缺乏就会导致缺钙……"

　　维生素D（vitamin D）为固醇类衍生物，具抗佝偻病作用，又称抗佝偻病维生素。目前认为维生素D也是一种类固醇激素，维生素D家族成员中最重要的成员是VD_2（麦角钙化醇）和VD_3（胆钙化醇）。维生素D均为不同的维生素D原经紫外照射后的衍生物。植物不含维生素D，但维生素D原在动、植物体内都存在。维生素D是一种脂溶性维生素，有五种化合物，与健康关系较密切的是维生素D_2和维生素D_3。

　　维生素D的发现是人们与佝偻症抗争的结果。早在1824

年，就有人发现鱼肝油可在治疗佝偻病中起重要作用。

1913年，美国科学家埃尔默·麦科勒姆和玛格丽特·戴维斯在鱼肝油里发现了一种物质，起名叫"维生素A"。后来，英国医生爱德华·梅兰比发现，喂了鱼肝油的狗不会得佝偻病，于是得出结论，维生素A或者其协同因子可以预防佝偻病。1921年，埃尔默·麦科勒姆使用破坏掉鱼肝油中维生素A做同样的实验，结果相同，说明抗佝偻病并非维生素A所为。他将其命名为维生素D，即第四种维生素，但当时的人们还不知道，这种东西和其他维生素不同，因为只要有紫外线，人自己就可以合成（有悖于维生素的定义）。

1923年，威斯康辛大学教授哈里·斯垣博克证明了用紫外线照射食物和其他有机物可以提高其中的维生素D含量，用紫外线照射过兔子的食物，可以治疗兔子的佝偻病。他就用自己攒下的300美元为自己申请了专利，斯垣博克用自己的技术对食品中的维生素D进行强化，到1945年他的专利权到期时，佝偻病已经在美国绝迹了。

由此，人类史上对维生素D的利用开始渐渐多了起来。

美国科学家一项为期40年的研究发现，每天服用一剂维生素D能把罹患乳腺癌、结肠癌和卵巢癌的风险降低一半。阳光照射在皮肤上，身体就会产生维生素D，这部分维生素D占身体维生素D供给的90%。

癌症专家说，有关这种"阳光维生素"防癌作用的证据十分充分，公共卫生部门必须采取紧急行动提高人们体内的维生素D的水平。近几年来，越来越多的证据表明，缺乏维生素D可能对身体极其有害。研究还发现，心脏病、肺病、癌症、糖尿病、高血压、精神分裂症和多发性硬化等疾病形成都与缺乏维生素D密切相关。维生素D的作用不可低估。

知识小链接

维生素D（VD）是环戊烷多氢菲类化合物，可由维生素D原（provitamind）经紫外线270~300纳米激活形成。动物皮下7-脱氢胆固醇，酵母细胞中的麦角固醇都是维生素大D原，经紫外线激活分别转化为维生素D_3及维生素D_2。维生素D的最大吸收峰为265纳米，比较稳定，溶解于有机溶媒中，光与酸促进异构作用，应储存在氮气、无光与无酸的冷环境中，油溶液加抗氧化剂后稳定，水溶液由于有溶解的氧不稳定。

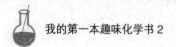

美容养颜——维生素E

小美的妈妈是个爱美的女士，家里的护肤品、保养品特别多，平时她也没什么爱好，就是喜欢做面膜、逛美容院。

这不，这天晚上，小美做完作业从房间出来，看见妈妈在用小刀划一个胶囊，然后往脸上抹，小美很奇怪，就问："妈妈，你在干什么呢？"

"我把VE从胶囊里取出来，然后自制面膜啊，对皮肤很好的。"

"这么神奇？"

"是啊，VE可是女人的美颜圣品呢。"

的确，任何一个爱美的女人都知道，维生素E能有效减少皱纹的产生，保持青春的容貌。

维生素E早在20世纪20年代就被人们发现，埃文斯和他的同事在研究生殖过程中发现，酸败的猪油可以引起大鼠的不孕症。在1936年分离出结晶体，1938年被瑞士化学家人工合成。

据中国预防医学科学院营养与食品卫生研究所杨晓光研

究员介绍：1922年，国外专家发现一种脂溶性膳食因子对大白鼠的正常繁育必不可少。1924年，这种因子便被命名为维生素E。在之后的动物实验中，科学家们发现，小白鼠如果缺乏维生素E则会出现心、肝和肌肉退化以及不生育；大白鼠如果缺乏维生素E则雄性永久不生育，雌性不能怀足月胎仔，同时还有肝退化、心肌异常等症状；猴子缺乏维生素E就会出现贫血、不生育、心肌异常。20世纪80年代，医学专家们发现，人类如果缺乏了维生素E则会引发遗传性疾病和代谢性疾病。随着研究的深入，医学专家又认识到维生素E在防治心脑血管疾病、肿瘤、糖尿病及其他并发症、中枢神经系统疾病、运动系统疾病、皮肤疾病等方面具有广泛的作用。

人体正常需要量：成人建议每日摄取量是8~10IU，一天摄取量的60%~70%将随着排泄物排出体外。维生素E和其他脂溶性维生素不一样，在人体内储存的时间比较短，这和维生素B、维生素C一样；医学专家认为，维生素E常用口服量应为每次数10~100毫克，每日1~3次。大剂量服用指每日400毫克以上，长期服用指连续服用6个月以上。一般饮食中所含维生素E，完全可以满足人体的需要。因此，老年人长期服用维生素E不仅是不需要的，而且是不安全的，会产生副作用。

维生素E是一种能够抵消氧化作用的抗氧化剂。氧化作用是与衰老和疾病相关的自然反应，包括动脉硬化。在最近的研究试验中，研究人员把55岁以上的试验对象随机分为两组，一组服用含有400国际单位的维生素E补剂，另一组服用安慰剂。每个试验对象或有心脏病，或有糖尿病，或至少有一种导致心肌梗死或中风的危险因素。通过研究发现，4~6年后，试验结果没有差异。两组中出现心肌梗死或中风的人数无太大差别，死于心血管疾病的人数也大体相等。这证明，尽管没有发现其副作用，服用维生素E也不会抵消由吸烟、吃高脂肪食物以及其他不健康生活方式带来的负面影响。

知识小链接

维生素E（Vitamin E）是一种脂溶性维生素，其水解产物为生育酚，是最主要的抗氧化剂之一。维生素E多溶于脂肪和乙醇等有机溶剂中，不溶于水，对热、酸稳定，对碱不稳定，对氧敏感，对热不敏感，但油炸时其活性明显降低。生育酚能促进性激素分泌，使男子精子活力和数量增加；使女子雌性激素浓度增高，提高生育能力，预防流产，还可用于防治男性不育症、烧伤、冻伤、毛细血管出血、更年期综合征、美容等方面。近来还发现维生素E可抑制眼睛晶状体内的过氧化脂反应，使末梢血管扩张，改善血液循环，预防近视眼发生和发展。

维生素A为什么可治疗夜盲症

　　小丫奶奶现在每天都会吃一片维生素A，这可以改善奶奶的老年斑。

　　这天晚上，妈妈和往常一样给奶奶拿维生素A，小丫也在，小丫继续问："妈妈，维生素A还有别的作用吗？"

　　"当然有了，尤其是对人的眼睛。如果我们想预防和治疗夜盲症，就必须补充维生素A。"

　　"那什么是夜盲症呢？"小丫又问。

　　所谓夜盲症就是在黑暗环境下或夜晚视力很差或完全看不见东西。我们了解了暗适应的生理过程，对夜盲也就不难理解了。造成夜盲的根本原因是视网膜杆状细胞缺乏合成视紫红质的原料或杆状细胞本身的病变。夜盲症分为暂时性夜盲，先天性夜盲和获得生夜盲。

　　（1）暂时性夜盲。由于饮食中缺乏维生素A或因某些消化系统疾病影响维生素A的吸收，致使视网膜杆状细胞没有合成视紫红质的原料而造成夜盲。这种夜盲是暂时性的，只要多吃猪肝、胡萝卜、鱼肝油等，即可补充维生素A的不足，很快就会痊愈。

（2）获得性夜盲。往往由于视网膜杆状细胞营养不良或本身的病变引起。常见于弥漫性脉络膜炎、广泛的脉络膜缺血萎缩等，这种夜盲随着有效的治疗、疾病的痊愈会逐渐改善。

（3）先天性夜盲。系先天遗传性眼病，如视网膜色素变性，杆状细胞发育不良，失去了合成视紫红质的功能，所以发生夜盲。

为什么缺乏维生素A会影响夜间视力，使人在暗光之下难以看清东西呢？

我们不妨把眼睛比作照相机，水晶体就好像接物镜，视网膜相当于底版位置。视网膜是靠一种叫作视紫红质的色素来看清微暗光线下的东西的。眼睛的视网膜上有杆状细胞和锥状细胞，杆状细胞具有在黑暗的条件下分辨物体的能力，这是因为它里面含有视紫红质。视紫红质是一种由维生素A和视蛋白结合而成的物质，当体内的维生素A含量丰富时，视紫红质多，暗适应就快，也就是说从明亮处到黑暗处能迅速看清物体。

　　维生素A又名视黄醇，由于是人类在食物中第一个被发现的维生素，因而排名第一，为维生素A。维生素A除了有效防治夜盲症以及结膜干燥、角膜软化、皮肤干燥等症状外，还是人体生长发育所必需的元素，有助于骨骼细胞的生长与增殖，并对上皮细胞的生长发育和维持它的正常状态很重要。近年研究发现，维生素A还能增强机体免疫能力，并能预防一些皮肤癌症的发生。

　　为了预防夜盲症和提高机体免疫力、促进儿童健康发育，每天应摄入富含维生素A的食物。动物肝脏、鱼肝油、鱼子、蛋类、奶及奶制品中含有丰富的维生素A，是维生素A的重要来源。维生素A的另一个重要来源是胡萝卜素，胡萝卜素在人体内可以转化成维生素A。胡萝卜素在深色蔬菜水果中含量较多，如西蓝花、胡萝卜、苜蓿、菠菜、冬苋菜、杏、芒果、枸杞子等。在以上各种富含维生素A的食物不能满足供应的情况下，建议选择营养强化食品加以弥补。

知识小链接

　　眼的光感受器是视网膜中的杆状细胞和锥状细胞。这两种细胞都存在有感光色素，即感弱光的视紫红质和感强光的视紫蓝质。视紫红质与视紫蓝质都是由视蛋白与视黄醛所构成的。视紫红质经光照射后，11-顺视黄醛异构成反视黄醛，并与视蛋白分离而失色，此过程称"漂白"。若进入暗处，则因对弱光不敏感的视紫红质消失，故不能见物。

　　若维生素A充足，则视紫红质的再生快而完全，故暗适应恢复时间短；若维生素A不足，则视紫红质再生慢而不完全，故暗适应恢复时间延长，严重时可产生夜盲症。

维生素K的止血奥秘何在

　　鑫鑫的小姨生了个可爱的小妹妹，鑫鑫特别喜欢。

　　这个周末，妈妈带着鑫鑫去陪小姨给表妹体检，到医院检查后，医生说："孩子特别健康，不过你们家长这时候要为孩子适当补充维生素K了，有助于孩子的体血液循环。"

　　小姨应允了。回来的路上，鑫鑫问小姨："维生素K这么厉害呀。"

　　"是啊，维生素K最大的功能就是止血。"

　　"那为什么维生素K能止血呢？"鑫鑫好奇地问。

　　维生素K又叫凝血维生素，是维生素的一种。已经发现的天然维生素K有两种：一种是在苜蓿中提出的油状物，称为维生素K_1；另一种是在腐败鱼肉中获得结晶体，称为维生素K_2。K_1为黄色油状物，熔点$-20℃$；K_2为黄色晶体，熔点$53.5\sim54.℃$，不溶于水，能溶于醚等有机溶剂。维生素K具有防止新生婴儿出血疾病、预防内出血及痔疮、减少生理期大量出血、促进血液正常凝固的作用。

维生素K是由丹麦生物化学家亨利克·达姆发现的。

达姆于20世纪20年代后期即在哥本哈根大学从事鸡的胆固醇代谢研究，他的博士论文也是研究胆固醇的生物重要性的文件。当时一般认为，许多哺乳动物能在体内合成胆固醇，但设想鸡缺乏这种能力。为了证实这种猜想，达姆用没有胆固醇却富有维生素A和维生素D的食物饲养鸡。他观察到鸡也能合成胆固醇，但更重要的发现是：如果继续用这种食物饲养2~3周，则鸡出现皮下、肌肉和其他器官的出血现象，而且鸡发生出血凝固得很慢；而若在食物中加入脂肪、维生素C以及胆固醇，也对出血没有明显的改善。因此，达姆认为，这是由于在食物中缺乏一种未知的元素所致。

在寻找上述食物中所缺少的因素过程中，达姆发现绿色叶和猪肝是保护不犯出血病的最有效来源。达姆于1935年把此因素称为"维生素K"。K是斯堪的那维亚文和德文中"Koa克ulation"（凝固）一词中的第一个字母，这个物质是脂溶性的，可从紫花苜蓿中成功地分离出来（1939）。

由绿色植物中分离出的维生素K被称为K_1，而由大肠腐败作用所产生的维生素K则称为K_2，二者稍有不同，其差别首先由美国化学家爱德华·阿德尔伯特·多伊西观察到，并于1939年将维生素K人工合成。1943年，达姆与多伊西共同获得诺贝尔生理学或医学奖。

维生素K止血的奥妙在哪里呢？

原来人体血液中含有凝血酶原，它能起止血的作用。可是光有凝血酶原是不能使血液凝固的，一旦人体某处组织出血，血小板遭到破坏，就会释放出凝血活素和钙离子，这两者与凝血酶原结合在一起，变成了凝血酶。在凝血酶的催化下，血浆中的可溶性纤维蛋白原就很快变成不溶性纤维蛋白。这样，血也就被止住了。维生素K不仅是凝血酶原的主要组成成分，而且还能促进肝脏制造凝血酶原。所以缺乏维生素K就会缺少凝血酶原，凝血酶的组成便遭到破坏，血液就不能凝固。这就是维生素K止血的奥妙。

知识小链接

维生素K可以让新生儿体内血液循环正常进行。在宝宝出生后第一次体检时，医生都会特别指导爸爸妈妈帮宝宝补充维生素K，使维生素K进入宝宝的身体和大脑。因为维生素K无法通过人的身体形成，所以在日后，宝宝还需要通过饮食摄取足量的维生素K。

第 4 章

贴近生活，用化学方法解决这些生活小难题

小朋友，不知道你是否遇到过以下生活中的小问题：水壶用久了里面有很厚的水垢却不知道如何去除；衣柜中的衣服总是被蛀虫咬坏；甜甜的糖好吃但却不能多吃……其实这些小事我们都可以用化学方法解决，接下来我们就来看看如何解决这些难题。

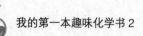 如何轻松去除讨厌的水垢

星期六，老师来家里家访，妈妈让心心去厨房烧水给老师泡茶，心心照做。

可是过了好长时间，也不见心心从厨房出来，妈妈感到奇怪，就来到厨房。

只见心心使劲地用小毛巾往水壶里捣鼓。看到妈妈来，心心无奈地摇了摇头，说："真没辙，这水垢太厚了。"

妈妈笑了笑，说："我也洗过很多次，也是洗不掉，没办法。"

这时候，老师也走了进来，说："家里有醋吧。"

妈妈点了点头，把醋递给老师。只见老师将醋倒了一点到水壶里，然后从水龙头上接了半壶水，插上电。三个人静静地看着水慢慢烧开。

随后，老师将热水倒掉，然后拿给心心和心心妈妈看。心心惊叹："老师，这太神奇了！"

"其实清除水垢的方法还有很多，比如家里的土豆片，也

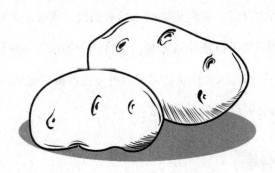

能用来去除水垢……"

水壶中的水垢是由于开水壶用久了，内壁会长出一层厚厚的杂质。这个现象说明，看起来清亮透彻的自来水里确实含有杂质。下面是几种简便易行的去除水垢的方法，不妨试试。

（1）土豆皮除水垢法。铝壶和铝锅使用一段时间后，会在表面结有薄层的水垢，将土豆皮放在里面，加入适量的水煮沸，煮10分钟左右，水垢即除。

（2）食醋除水垢法。如果烧水壶有了水垢，可在水中放入几滴醋，烧开后，水垢就可以除掉。

（3）小苏打除水垢法。用铝水壶烧水时，放入一小勺小苏打，烧沸几分钟，水垢就可以除掉。

（4）鸡蛋去除水垢法。烧开水的壶用久了后，如果用它煮上两次鸡蛋，会除去壶壁的积垢。

（5）热胀冷缩法除水垢。将空水壶放在炉子上烧，待烧干水垢中的水分后，看到壶底的水垢有裂纹或水壶底有嘭的响声之时，将壶取下迅速注入凉水，或将烧干的水壶迅速放在凉水中（不要让水进入壶中），以上两种方法都需要重复2~3次，壶底的水垢会因热胀冷缩而脱落。

知识小链接

小苏打NaHCO$_3$，是弱碱性的，常温下和水垢不反应；水垢主要是含钙镁离子的沉淀物，和酸类如盐酸、醋酸等反应。小苏打除水垢要在高温下，如沸腾的水中，小苏打会分解，2NaHCO$_3$=Na$_2$CO$_3$+H$_2$CO$_3$，即生成碳酸与水垢反应。

干燥剂是什么

小丫是个小"吃货"，与同龄女孩爱打扮不同的是，她最大的爱好就是吃。妈妈经常给小丫买各种零食，当然，妈妈尽量买健康食品，因为小丫处于长身体的阶段，垃圾食品是妈妈绝对不允许的。

这天晚上，爸爸买了一大袋零食回来，进门就对小丫说："闺女，来，爸爸给你买好吃的了。"

小丫刚打开袋子，妈妈就"夺"了过去，说："我先检查下，看小丫能不能吃。"

然后妈妈顺势打开了一袋："这个是什么，防腐剂吗，怎么能给孩子吃这个。"妈妈提高了音量。

"这是干燥剂，包装食品里都有这个的。"

"不行，我闺女不能吃。"

"市场上的包装食品都有的，有什么关系呢？而且，小丫也不是经常吃，天天把水果当零食，孩子也腻，是不是？"爸爸苦口婆心地解释着。

"行吧，你都这么说了，就允许这一次。"

小丫一听到妈妈的"恩准"，迫不及待拆了一袋"塞"进嘴里，边吃边问："妈妈，干燥剂是什么呀？"

"就是去除食品中水分的东西呀。"爸爸抢着说道。

干燥剂是指能除去潮湿物质中部分水分的物质。湿气的管控是与产品的良率息息相关的，对食品而言，在适当的温度和湿度下，食物中的细菌和霉菌便会以惊人的速度繁殖，使食物腐坏，造成受潮及色变。电子产品也会因湿度过高造成金属氧化，产生不良后果。干燥剂的使用便是为了避免多余的水分造成不良品的发生。

干燥剂常分为两类：物理干燥剂和化学干燥剂。

1.物理干燥剂

物理干燥剂主要有两种，即活性氧化铝和硅胶。氧化铝是难溶于水的白色固体，无臭、无味，质极硬，易吸潮而不潮解；溅入眼中会引起结膜和角膜的损伤。硅胶呈半透明颗粒状，用作干燥剂时加入氯化亚钴，吸水后变成粉红色。

物理干燥剂应用广泛，主要作用有以下几种。

（1）用于瓶装药品、食品的防潮。保证内容物品的干燥，防止各种杂霉菌的生长。

（2）可作为一般包装干燥剂使用，用于防潮。

（3）可方便地置于各类物品（如仪器仪表、电子产品、皮革、鞋、服装、食品、药品和家用电器等）包装内，以防止物品受潮霉变或锈蚀。

2.化学干燥剂

化学干燥剂主要通过与水结合生成水合物进行干燥，主要有以下几种。

（1）酸性干燥剂：浓硫酸、五氧化二磷，用于干燥酸性或中性气体，其中浓硫酸不能干燥硫化氢、溴化氢、碘化氢的强还原性的酸性气体；五氧化二磷不能干燥氨气。

（2）中性干燥剂：无水氯化钙，一般气体都能干燥，但无水氯化钙不能干燥氨气和乙醇。

（3）碱性干燥剂：碱石灰（CaO与NaOH、KOH的混合

干燥剂

物）、生石灰（CaO）、NaOH固体，用于干燥中性或碱性气体。

在现实生活中，医药保健品、生物试剂、食品行业都有专用干燥剂。专用干燥剂特点：卫生要求高，包装材料通过美国FDA论证，产品小巧高效、精致环保，有较好的相容性和化学稳定性。

按应用环境区分，一般分为以下三种情况。

（1）在小环境中使用：干燥剂直接放在瓶、罐或其他密闭的小袋中，使小环境中的物品保持干燥。

（2）在中环境中使用：干燥剂直接放在包装的纸箱（或包装桶、袋）中使用，以避免包装中的物品受潮。

（3）在大环境中使用：干燥剂直接放在类似仓库、集装箱中使用，以达到控制大环境湿度的目的。

知识小链接

一般的说，酸性干燥剂不能干燥碱性气体，可以干燥酸性气体及中性气体；碱性干燥剂不能干燥酸性气体，可以干燥碱性气体及中性气体；中性干燥剂可以干燥各种气体。但这只是从酸碱反应这一角度来考虑，同时还应考虑到规律之外的一些特殊性，如气体与干燥剂之间若发生了氧化还原反应，或生成络合物、加合物等，就不能用这种干燥剂来干燥该气体了。

樟脑丸为何能防蛀虫

小敏特别喜欢看妈妈的衣柜，因为里面有好多漂亮的衣服。有一天，她发现妈妈的衣柜里有些白色的小球球，她好奇地问妈妈："这些白色的小球球是什么啊？"

妈妈说："这是樟脑丸，用这些樟脑丸能够防止衣柜里漂亮的衣服被虫子咬坏。"

小敏更好奇了："难道是这些小球球把虫子吃掉了吗？"

"不是的，这些小球球能释放出驱逐虫子的气体……"

樟脑丸根据成分的不同，可以分为天然樟脑丸与合成樟脑丸。天然樟脑丸是光滑的呈无色或白色的晶体，气味清香，会浮于水中。天然樟脑丸又被称为臭珠，原本是从樟树枝叶中提炼出的有芳香味的有机化合物。用于防虫、防蛀、防霉，也用来制药、香料等，医药上用作强心药。

然而，新生儿衣物不能放樟脑丸。樟脑丸中的主要成分是萘酚，它具有强烈的挥发性。当人们穿上放置过樟脑丸的衣服后，萘酚可以通过皮肤进入血液。正常成人体内红细胞中有葡萄糖-6-磷酸脱氢酶（克-6-PD），这种酶能很快与挥发性的萘酚结合，形成无毒的物质，随小便排出体外，因此萘酚对成人不会产生显著的影响。但出生不久的新生儿，红细胞内葡萄糖-6-磷酸脱氢酶很少，当新生儿穿上用樟脑丸贮存过的衣服后，萘酚就非常容易进入体内红细胞内，使大量红细胞破坏而导致急性溶血。主要表现为迅速贫血，严重黄疸以及浓茶样小便，严重的可引起心力衰竭，黄疸严重者可因为核黄疸而危及生命，或留下不同程度的智能落后、运动障碍等。成人的衣服放置了樟脑丸后，拿出来穿之前也要晒一阵子，待萘酚的气味消失后再穿，以免接触新生儿后导致新生儿溶血。

合成樟脑丸含有国家第六类有毒品对二氯苯以及萘、化学樟脑，有刺鼻的味道，具有肝毒性和血液毒性。由于合成樟脑丸成本较低，目前市面上出售的樟脑丸80%以上均不同程度地含有萘或者对二氯苯。部分家庭喜欢将樟脑丸放置衣柜中防虫，甚至一年四季都使用，其气味可通过被熏染衣物渗透皮肤，致人体慢性中毒，轻则出现倦怠、头晕、头痛、腹泻、皮疹等中毒症状，使用5年以上还可诱发致命的肝癌和白血病。

建议尽量别使用樟脑丸，可以寻找替代品，如吸水硅胶等除湿剂（不湿就不容易长蚊虫细菌），或者干脆将衣服放入真空袋子存放，既安全又节省空间。

若非要用，尽量购买毒性较小的天然樟脑丸（天然樟脑丸是无色或白色晶体，光滑透明，状如玻璃球，气味清香，会浮于水中。而含萘的合成樟脑丸外观呈纯白色，会沉入水底）。最好去大超市购买印有厂家、"绝对不含萘和对二氯苯"或者"对人体无毒无害"的产品。放有樟脑丸的衣柜和箱子要不定时通风，衣服要清洗或吹晒一会儿，待气味消失后再穿。哪怕是合格的天然樟脑丸，也要短期用，别超过2个月。

知识小链接

如果你仔细观察，樟脑丸经过一段时间后会慢慢变小，直至消失。这是因为萘和樟脑都会直接变成气体挥发。这种固体不经过液态而直接变成气体的现象，在化学上叫作"升华"。

由于合成樟脑丸里的萘不纯净，萘升华以后，会在衣物上留下斑痕，所以在把合成樟脑丸放进衣柜的时候，最好用纸包上。

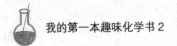# 涂改液为什么能清除书写痕迹

这周六上午，妈妈辅导小明做作业，在写一个数学公式的时候，小明写错了，妈妈赶紧从小明的文具盒里找橡皮擦。

"你的橡皮呢？"妈妈问。

"妈妈，你真是老土啊，现在谁还用橡皮擦，都用涂改液了。"说完，小明拿起手边的涂改液改了起来。

妈妈说："涂改液不能用，它对身体有害？"

如今不少学生的铅笔盒已经不放橡皮了，并且由于像圆珠笔、钢笔等书写后，无法用橡皮清除掉痕迹，所以开始使用涂改液。涂改液又称"改正液""修正液""改写液"，是一种普通文具，白色不透明颜料，涂在纸上以遮盖错字，干涸后可于其上重新书写。

对此，很多老师却表示宁愿学生用笔轻轻地把错误的地方涂抹掉或者用括号括起来等方式，也不建议使用改正液。因为涂改液用起来方便，而且覆盖力很强，挥发性也比较快，所以受到学生的青睐。但涂改液涂改了字迹，却留下了有毒物质，

对人体的伤害很大，如果长期使用涂改液很容易造成慢性中毒。在中考、高考等大型考试中，已禁止使用涂改液、胶带等涂改工具。

2014年3月15日晚，在央视的3·15晚会上，对孩子们常用的涂改液发出了消费预警，称质量不好的涂改液中含有有毒物质，会影响孩子们的健康，建议家长选择正规企业生产的涂改液，并提醒孩子们少用涂改液。

如今市场上雨后春笋般地出现了许多环保型的涂改液，这样的涂改液是不是就真正安全了呢？环保型的涂改液有一部分是真正做得比较好的，但是即使是这样的涂改液，它里头的有毒成分也还是存在的，所以应该说使用涂改液不可避免地都会造成一定程度的危害。因此，即便是环保型涂改液，同学们也需要提高警惕、小心防范。

对于涂改液，如果不小心，涂改液就会沾到手上，很难洗掉，其实有一件常用的东西就能解决这个问题——风油精。

用风油精把手上粘有涂改液的地方浸湿，然后用纸巾擦拭，我们可以看到手上的涂改液很容易被擦掉了。

为什么风油精能擦掉涂改液呢？原来是风油精中的溶剂溶解了涂改液。涂改液主要由钛白粉、胶和溶剂组成；风油精主要由药物、香料和溶剂组成。涂改液和风油精中的溶剂都起到了溶解其他物质的作用。涂改液刚挤出来时是液态的，涂在物体表面后，溶剂很快挥发，胶将钛白粉粘在物体表面。这时涂上风油精，风油精当中的溶剂补充了涂改液中原有的溶剂，溶解了胶和钛白粉，使涂改液恢复液体状态，因此便能轻松擦掉了。

知识小链接

涂改液成分的主要溶剂可分为三类：三氯乙烷（$C_2H_3C_{13}$、CH_3CC_{13}）、甲基环己烷（C_7H_{14}）、环己烷（C_6H_{12}），其毒性危害的强弱和浓度成正比。

木糖醇是糖吗

昨天，丹丹的大表姐结婚，全家人去参加了婚礼，回来的时候，妈妈提了好大一袋喜糖。

晚上的时候，丹丹把喜糖拿出来，准备边看电视边吃，奶奶也准备拿。

丹丹妈妈赶紧说："妈，这个糖你不能吃，你血糖高。"

奶奶有点不高兴，说："可是我想吃。"

妈妈继续说："没事，我买了另外的糖果。"

说完妈妈去房间里，拿了一袋糖来。

奶奶疑惑地看着丹丹妈妈说："这个就能吃吗？"

"是啊，这个是木糖醇，血糖高的人一样可以吃的。"

"木糖醇不也是甜的吗，怎么就能吃？你别骗我了。"奶奶更不高兴了。

"不骗你，妈，木糖醇并不是糖，是从植物里提取出来的，甜度和这种水果糖一样，但不被人体吸收。放心吧，不信你吃完我可以给你测个血糖。"

妈妈这么说，奶奶才放心地剥了一颗放嘴里。

的确，可能你在超级市场或者便利店都看到过出售的木糖醇，那么，木糖醇到底是不是糖呢？其实不是！

木糖醇是一种多糖类的天然代糖，可从白桦树、橡树、玉米芯等植物原料提取。在自然界中，木糖醇广泛存在，尤其在蔬菜、水果、天然蘑菇等食用菌中含量丰富。木糖醇的化学式为$C_5H_{12}O_5$。原子质量单位为152.15amu。

木糖醇是人体糖类代谢的中间体，在人体缺少胰岛素影响糖代谢的情况下，无须胰岛素促进，木糖醇也能透过细胞膜被组织吸收利用，并能促进肝糖原合成，且不会引起血糖值升高，是最适合糖尿病患者食用的食糖代替品。由于木糖醇能促进肝糖元合成，血糖不会升高，因此也是肝炎并发症病人的理

木糖醇

想辅助药物。同时，由于木糖醇不被口腔中产生龋齿的细菌所利用，能防止龋齿。世界各国牙医学会都积极推荐使用木糖醇含量超过糖分含量50%以上的产品。木糖醇可有效减少口腔内的致龋菌。美国儿童牙科协会建议孕妇在小孩出生前3个月就应该适量服用木糖醇来减少口腔中的致龋病菌，防止孩子出生后为孩子咀嚼食物时将病菌传给孩子。孩子出生后可继续适量服用木糖醇，除了有效预防龋齿外，还可以大大降低上呼吸道感染及支气管肺炎的发病率。

知识小链接

木糖醇从理化性质上来讲，是属于偏凉性的，如同海鲜、绿豆之类的食物，它不易被胃酶分解而直接进入肠道，过量后，对胃肠有一定刺激，可能引起腹部不适、胀气、肠鸣。而且由于木糖醇在肠道内吸收率不到20%，容易在肠壁积累，易造成渗透性腹泻。以中国人的体质，一天摄入木糖醇的上限是50克。光嚼嚼口香糖应该没什么问题，但如果吃大量的其他木糖醇食品，就需要注意了。

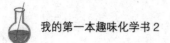 为何油条不能多吃

星期六一大早，玲玲就出去买早点了，不到十分钟，她就回来了。

看到玲玲手上拿着的油条，妈妈说："玲玲，仅此一次好吗，以后我们尽量不吃油条。"

玲玲问："我觉得早点里就油条最好吃了。"

妈妈："好吃是好吃，但是不健康，炸油条的油是经过多次使用的，而且面粉在油炸的过程中，逐渐形成了人体不能吸收的物质，这种物质对人体是极为有害的。"

玲玲："嗯，妈妈，我知道了，不吃不健康的食物。"

油条，是一种古老的汉族面食，长条形中空的油炸食品，口感松脆有韧劲，是我国传统的早点之一。

油条的叫法各地不一，天津称果子；安徽一些地区称油果子；东北地区称大果子；闽南福建等地称油炸鬼；潮汕地区等地称油炸果；浙江地区有天罗筋的叫法（天罗即丝瓜，老丝瓜干燥后剥去壳会留下丝瓜筋，其形状与油条极像，遂称油条为

天罗筋）。

由于油条属于高温油炸食品，油温达190℃，并且油是反复使用的，会造成油脂老化色泽变深，黏度变大，异味增加，油脂中所含的各种营养物质如必需脂肪酸、各种维生素等成分，基本都被氧化破坏，不饱和脂肪酸发生聚合，形成二聚体、多聚体等大分子化合物，这些物质不易被机体消化吸收（在常温下豆油的吸收率为97.5%，花生油为98.3%）。

动物实验证明，用含高温加热油脂的饲料喂养大白鼠几个月后，就会出现胃损伤和乳头状瘤，并有肝瘤、肺腺瘤。许多学者认为：不饱和脂肪酸经反复高温加热后产生的各类聚合物，尤其是二聚体等毒性很强，大量动物实验表明，这些聚合物能影响动物的正常发育，降低生育机能，使肝功能异常、肝脏肿大。再者，油条面团中加入的碱和矾又对面粉的营养成分有一定的破坏作用，所以为防止油的老化，在炸制油条时，要经常更换新油，最大限度地降低或减少有害物质的产生。

此外油条中含有铝元素，铝是一种低毒、非必需的微量元素，是引起多种脑疾病的重要因素。它是多种酶的抑制剂，其毒性能影响蛋白质合成和神经介质。铝可使脑内酶的活性受到抑制，从而使精神状态日趋恶化。因此，长期过量摄入铝，可导致老年痴呆。因此，油条不要经常地作为早点食用，但为调

剂口味，偶尔吃一次也无妨。

常吃油条会有以下几种坏处。

1.不易消化

炸油条的油反复使用，会造成油脂老化，色泽变深，黏度加大，异味增加，油脂中所含的营养物质如脂肪酸、维生素等成分全部被氧化破坏，不饱和脂肪酸发生聚合，形成二聚体、多聚体等大分子化合物，不易被机体消化吸收。

2.可能致癌

油条是高温油炸食品，烹炸油条时，油温高达190℃，高温油脂有致癌的可能性。油脂中不饱和脂肪酸经反复高温加热后产生的各类聚合物，尤其是二聚体等毒性很强，这类物质可能影响人的生长发育，降低生育机能，使肝功能异常。

3.致病风险高

老年人食量减少，肠胃功能减弱，容易出现维生素B_1、B_2缺乏，而油条中对这两种维生素的破坏最大，加上高温油产生的有害物质，老年人油条吃多了易患冠心病、动脉硬化等疾病。

4.影响身体恢复

对于恢复期病人来说，油条吃多了难以消化，会影响食欲和睡眠。而且油条中的营养素大部分被破坏，高温油炸会产生致癌物，病人吃了不仅不能得到营养补充，还会影响身体的恢复及健康。

5.影响生长发育

对于发育期的幼儿来说，油条吃多了会使高温油脂中的脂肪酸在肠道内与钙结合生成皂钙，从肠道中排出，从而影响幼儿对钙的吸收和正常发育。

知识小链接

油条属于高温油炸食品，熔点高，在胃里停留时间长，不仅难消化，还会影响睡眠。油条的营养素大部分被破坏，高温油还含有一定的有毒物质，会影响身体的健康。

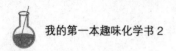 炒菜为什么用铁锅好

圆圆最近挺高兴的，因为他们家的新房终于装好了，可以入住了。周五这天晚上，爸妈带着她来超市选购厨具。

妈妈看上了一个比较贵的铝锅，但是爸爸说另外一个便宜的铁锅好。

妈妈说："贵的肯定好，便宜没好货。"

"这可未必，其实铁锅更好，炒菜用铁锅，能生成人体所需要的铁元素，是对身体微量元素的补充，而铝锅最怕酸、碱和盐。用铝锅炒菜，经常同醋、盐、碱接触，一部分铝就会同做成的菜一起进入人体，时间久了对人体有害。"

"嗯，你说得对，听你的。"

我们都知道，铁是一种人体必需的微量元素。在人体内，血红蛋白分子是吸收与释放氧的"机器"，而铁即是制造血红蛋白分子的原料，又是这种分子的"核心"。有了它，氧才会跑遍全身；失去它，血红蛋白便失去"拉住"氧气分子的本领，会危及生命。所以炒菜用铁锅比较好。

用铁锅炒菜在烹调菜肴过程中，有较多的铁溶解在食物内，为人们源源不断地供应铁质，补充了食物本身含铁不足的部分，起到了防止缺铁性贫血的作用。

有关学者曾作过如下测定：用铁锅煮洋葱，只放油不加盐，煮5分钟后洋葱含铁量可增加2倍。如果加入食盐和番茄酱，煮20分钟含铁量可增加11倍。加入食醋煮5分钟后，含铁量可增加15倍之多。当然，常食含铁的食物，即使长期用铝锅烹调，也不会引起体内缺铁。但如果常食的食物中含铁量低，又长期使用铝锅做菜，就容易发生贫血。

据调查，目前国内贫血发生率较高，特别是儿童，贫血约占50%，故不宜长期使用铝锅。如果家中有贫血的患者，建议使用铁锅为宜。

那么，生铁锅和精铁锅用哪个好呢？是不是生铁锅对人体更好呢？销售人员告诉记者，生铁锅是选用灰口铁熔化用模型

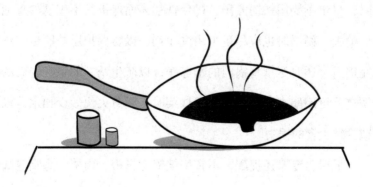

浇铸制成的，传热慢，传热均匀，但锅环厚，纹路粗糙，也容易裂；精铁锅是用黑铁皮锻压或手工锤打制成，具有锅环薄，传热快，外观精美的特点。据了解，生铁锅还具有一个特性，当温度超过200℃时，生铁锅会通过散发一定的热能，将传递给食物的温度控制在230℃；而精铁锅则是直接将火的温度传给食物。对于一般家庭而言，使用铸铁锅较好点。但精铁锅也有以下优点。

（1）由于是精铁铸成，杂质少，因此，传热比较均匀，不容易出现粘锅现象。

（2）由于用料好，锅可以做得很薄，锅内温度可以达到更高。

（3）档次高，表面光滑，好清洁。

普通铁锅容易生锈，如果人体吸收过多的氧化铁，即铁锈，就会对肝脏产生危害，所以不宜让食物在铁锅中过夜。同时，尽量不要用铁锅煮汤，以免铁锅表面保护其不生锈的食油层消失。刷锅时也应尽量少用洗涤剂，以防保护层被刷尽。刷完锅后，还要尽量将锅内的水擦净，以防生锈。如果有轻微的锈迹，可用醋来清洗。用铁锅炒菜时，要急火快炒少加水，以减少维生素的损失。

最后，专家还提醒，不宜用铁锅煮杨梅、山楂、海棠等酸性果品。因为这些酸性果品中含有果酸，遇到铁后会引起化学反应，产生低铁化合物，人吃后可能会中毒。煮绿豆也忌用铁锅，因为豆皮中所含的单宁质遇铁后会发生化学反应，生成黑色的单宁铁，并使绿豆的汤汁变为黑色，不仅影响味道还影响人体的消化吸收。

知识小链接

为何炒菜最好用铁锅？究其原因，主要是铁锅对防治缺铁性贫血有很好的辅助作用。由于盐、醋对高温状态下的铁的作用，加上锅与铲、勺的相互摩擦，使锅内层表面的无机铁脱屑成直径很小的粉末。这些粉末被人体吸收后，在胃酸的作用下转变成无机铁盐，从而变成人体的造血原料，发挥其辅助治疗作用。

水也有软硬之分

周末这天，天天来看外公，发现外公家有客人，就在一旁自顾自地玩耍。

这位客人和外公年龄相仿，是外公曾经的战友。

外公和客人品着茶，外公问："你觉得这茶怎么样？"

"茶不错，这种茶此地不易买到。"

"是啊，是我儿子在闽南出差时买的。"

"不过，这个水不好。"外公的战友说。

"水怎么了，这还是过滤过的纯净水呢？"外公很奇怪战友会这么说。

"这是硬水，不适合泡茶。"

"水也有软硬之分吗？"外公更好奇了。

"当然了……"

水也有软硬之分，但是用手去试是分辨不出来的。水的软硬度是根据水中的钙离子和镁离子的含量来计算的，这两种离子的含量越高，水的硬度就越大。硬水是指硬度为16~30度的

水，如从地层深处流出的泉水和
深井水多属于硬水；而软水是
硬度低于8度的水，如雨水、池
塘、小溪等地面水属于软水。
目前水的硬度标准单位是mmol/L
（毫摩尔每升）。

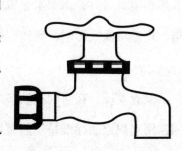

钙镁离子是人体每天必需的营养素，如果水有一
定硬度，通过饮水就可以补充一定量的钙镁离子。

由于软水中含有丰富的有机矿物质，具有较强的
去污力，只需少量的卸妆膏，就可获得100%的卸妆效
果，因此软水是爱美人士的必需品。软水用于经常性的饮用和
沐浴，可帮您解除皮肤干燥、皮癣、皮屑苦恼，恢复正常的弹
性皮肤。

软水还可以有效抑制真菌。发生皮外伤、冻伤、烧伤之类
意外时，先用软水洗净患处后，并以软水浸湿脱脂棉、纱布、
毛巾等，轻擦患部，可快速愈合伤口，并且使烧伤引起的浮肿
马上消失，这是由于软水具有促进细胞组织再生的作用。经常
使用软水洗头可使发丝轻柔、飘逸，去屑止痒，不枯不涩，有
自然光泽。

水的口感与软硬也有关系，多数矿泉水硬度较高，所以使

人感到清爽可口，而软水显得淡而无味。但用硬水泡茶、冲咖啡，口感将受到影响，所以，喝茶时尤其是喝绿茶时最好用软一点的水来冲泡。

调查发现，在水硬度较高地区心血管疾病发病率较低。我国饮用水规定的标准是不能超过25度，最适宜的饮用水的硬度为8~18度，属于轻度或中度硬水。

区分硬水和软水的方法是在它们中加肥皂液，然后搅拌，有较多肥皂泡的是软水，肥皂泡少且很快就消失的是硬水。

知识小链接

硬水虽不会对人的身体健康造成直接危害，但对日常生活带来很大的麻烦。例如，水的硬度大时洗衣服不起泡；旅居异地因饮水的硬度不适应可出现水土不服的症状；壶内结水垢会使壶的导热性下降；工业锅炉的水垢可引起爆炸事故。所以，生活和工业用水均应适当控制水的硬度。

第 5 章

趣味多多，了解你未曾知道的化学常识

在我们的生活中，经常会遇到这样一些生活现象，如米饭、馒头越嚼越甜，橡皮擦能轻松去除书写错误，有的人笑死却不能憋气死……这些生活常识背后的原因是什么呢？带着这些疑问，我们来学习本章的化学小知识吧。

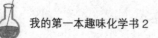 铅笔是用铅制作的吗

小强的爸爸是一名电力设计师，经常需要画图，就连周末也要在家工作。

这不，周六下午，妈妈让小强给在书房工作的爸爸送点水果，小强敲门进去后，看见爸爸眉头紧锁，嘴咬着铅笔，好像遇到了难题。

小强赶紧说："爸，别咬铅笔，铅笔有毒。"

爸爸说："为什么这么说？"

"因为铅笔芯是铅啊，铅有毒，难道你不知道吗？"

"哈哈，儿子，铅笔芯根本不是铅啦，是石墨，石墨能有什么毒，不过你说得对，我这么大的人了，咬铅笔不好。"爸爸笑着说。

那么，铅笔芯有毒吗？其实铅笔芯并没有毒。铅是有毒的，而制造铅笔芯的主要原料是石墨和黏土，当然就没有毒了。

铅笔芯的主要成分是石墨和黏土，石墨是鳞片状有金属光

了进出口货物相关手续，已成功进入国际市场，并与台湾、印度、新加坡等东南亚地区保持了出口业务联系。连续 3 年，主营业务收入在 2 亿元以上。

2. 社会效益

为果园管理者提供了"足不出户"的管理工具。面向消费者，可实现产品追溯等功能。公司保水控释肥业务，解决了北方春季旱地出苗率低的难题，提高出苗率达 30％以上，确保了玉米一次性底肥不用再追肥，使玉米增产 35％左右，农民单产增加收入 480 元。为农民提供全方位技术指导服务，解决农业生产过程中的技术难题，并印制发放了 10 余万册农民致富手册，同时开展线下农民培训活动，2020 年公司对新型农业农民培训次数累计 7100 人次。

3. 生态效益

建立智慧农业创新服务平台，通过数据收集、整理、分析、为三河农业信息化提供强有力的解决方案。结合智能农业系统和装置的应用，解放劳动力，提升农事效率，节水 40％以上，施肥用药节省 20％以上。收集果园废弃枝叶加工处理成土壤调理剂 1830 余吨，免费提供给联合体成员，增加了土地有机质含量，为成员提供测土配方技术，提供配方肥 680 吨，达到精准施肥目的。

参考文献

［1］刘升平. 话说精准农业［M］. 北京：中国劳动社会保障出版社，2015.

［2］刘耕，苏郁.5G 赋能：行业应用与创新［M］. 北京：人民邮电出版社，2020.

［3］杨丹. 智慧农业实践［M］. 北京：人民邮电出版社，2019.

［4］裴小军.互联网＋农业：打造全新的农业生态圈［M］. 北京：中国经济出版社，2015.

［5］海天电商金融研究中心. 一本书读懂移动物联网［M］. 北京：清华大学出版社，2016.

［6］陈桂芬，于合龙. 数据挖掘与精准农业智能决策系统［M］. 北京：科学出版社，2011.

［7］李道亮. 互联网＋农业：农业供给侧改革必由之路［M］. 北京：电子工业出版社，2017.

式各样凶器的群匪连续袭击，而高强度的安全玻璃能在一段时间内抵御穿透，为其他装置作出反应赢得足够的时间。世界上一些著名的文物，如《蒙娜丽莎》和《独立宣言》就是用安全玻璃保护的。

钢化玻璃是将玻璃均匀加热达软化温度时，用高速空气等冷却介质骤冷而制成的玻璃。这种玻璃的机械强度和抗热震性能高，可经受200~250℃的温差急变，破碎时形成无尖锐棱角的颗粒，对人体伤害很小，是最广泛使用的安全玻璃。

夹层玻璃在两片或多片玻璃间夹以透明的聚乙烯醇缩丁醛胶片或其他胶合材料，经加热、加压胶合而成的复合玻璃制品。当受冲击时，由于中间层有弹性，粘结力强，能提高抗冲击强度，破碎时其碎片不掉落、不飞溅，能有效地防止或减轻对人体的伤寒。

知识小链接

贴膜玻璃属于新型节能安全玻璃，它是在玻璃制品上贴上有机薄膜，在足够强的冲击下将其破碎，玻璃碎片能够黏附在有机膜上而不飞散。玻璃贴膜按其功能主要分为：私密膜、装饰膜、隔热节能膜、防爆膜、防弹膜，其中防爆膜和防弹膜属于典型安全膜的行列，但其节能效果相对较差。

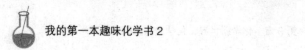
参考文献

[1]法布尔.趣味化学[M].北京：中国妇女出版社，2016.

[2]田梅.我的第一本趣味化学书[M].北京：中国纺织出版社，2017.

[3]叶永烈.趣味化学[M].武汉：湖北科学技术出版社，2013.

[4]陶子文.趣味化学体验书[M].北京：中国纺织出版社，2017.

泽的固体，其中有碳–碳化学键，层与层之间是范德华力，碳–碳化学键是很稳定的，想破坏它是很困难的，这也就是为什么金刚石和石墨都是由碳组成的，但是物理性质和价格相差却很大，人体内没有东西可以破坏碳–碳化学键，所以可以肯定地说铅笔芯是安全的（除非是里边加的黏土有害人体健康）。

也许你又会问，铅笔杆有金属毒吗？

铅笔杆的外表有包裹模或采用铅笔漆技术，一方面可保护笔杆，另一方面可增加美观。颜料中会含有微量重金属，虽然少量的接触对身体不会有影响，但是咬笔杆将颜料吃到嘴里还是不妥的。

那么，石墨为什么能做铅笔芯呢？因为它是黑色的；而且质地柔软，是最软的矿石之一。石墨在纸上轻轻划过，就能留下痕迹。如果在放大镜下观察，铅笔迹是由一颗颗很细小的石墨粒组成的。

科学家将矿石的软硬程度分为十级：石墨、滑石最软，可以用指甲在上面刻出印痕来，它们的硬度为1；钢的硬度为4；花岗岩的硬度为6~7；最硬的金刚石的硬度是10。

石墨和金刚石是化学元素碳家

族里的哥俩，都由同一种碳原子组成。可是，石墨又黑又软，金刚石却晶莹透明、坚硬无比。哥俩被称作"软弟弟"和"硬大哥"，脾性真有天壤之别。这是什么原因呢？原来，在石墨里，碳原子是一层层排列的，碳原子在同一层里手拉着手，紧密相连；层和层之间的结合却松松散散，好似一摞扑克牌，轻轻一推，牌和牌之间就滑动开来，散在纸上，留下斑斑点点的墨痕。

金刚石里的碳原子却像铁塔的钢筋一样，四面八方紧紧地连结在一起，要撼动它，让它改变形状，十分困难。所以，金刚石又硬又结实，荣获"硬度之王"的称号。像金刚石和石墨这样，成分是相同的化学元素，相貌和脾气却大不相同，化学家把它们叫作"同素异形体"。你大概还记得，白磷和红磷同样是化学元素磷，性质却有很大差别。它们是磷的"同素异形体"。除了石墨和金刚石，碳的同素异形体里还有一种无定形碳，如烟莫。它和石墨一样，也是我们学文化的好帮手。例如，毛笔墨汁是烟莫或者炭黑悬浮在溶有胶性物质的水里制成的。

知识小链接

铅笔的笔芯是用石墨和黏土按一定比例混合制成的。如"H"即英文"hard"（硬）的词头，代表黏土的含量，用以表示铅笔芯的硬度。"H"前面的数字越大（如6H），铅笔芯就越硬，也即笔芯中与石墨混合的黏土比例越大，写出的字越不明显，常用来复写。"B"是英文"black"（黑）的词头，代表石墨的含量，用以表示铅笔芯质软的情况和写字的明显程度。以"6B"为最软，字迹最黑，常用以绘画，普通铅笔标号则一般为"HB"。考试时用来涂答题卡的铅笔标号一般为"2B"。

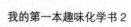 钻石和盐都是晶体，为何钻石硬度高

这周末是星星爸妈结婚十周年，这不，爸爸想给妈妈买个礼物，就拉上了儿子一起来到商场。

爸爸问："你觉得你妈妈会喜欢什么？"

星星调侃道："女人都喜欢钻石，您要是兜里有钱的话，给她买个钻戒，反正你们结婚时也没买。"

"有道理，还是你聪明。"

星星爸爸在专柜上挑了半天，终于选了一款小钻戒，然后父子二人高高兴兴准备回家。

星星突发奇想问爸爸："爸爸，你说这钻石也是小小的一颗晶体，咱家的盐也是，为什么钻石就坚硬无比，盐放到锅里就化了呢。"

爸爸告诉星星："虽然钻石和盐都是晶体，却是完全不同的两种化学物质……"

学过化学的人都知道一点，我们在商场看到的钻石和我们平常生活里所食用的盐都是晶体，但为什么钻石的硬度高而盐

却如此易碎呢？

我们先来看看钻石的成分和晶体结构。

钻石的化学成分是碳，这在宝石中是唯一由单一元素组成的，属等轴晶系。它常含有0.05%~0.2%的杂质元素，其中最重要的是N氮和B硼，它们的存在关系到钻石的类型和性质。它的晶体形态多呈八面体、菱形十二面体、四面体及它们的聚形。纯净的钻石无色透明，由于微量元素的混入而呈现不同颜色。钻石的密度为3.52克/立方厘米，硬度为10，是目前已知最硬的矿物，绝对硬度是石英的1000倍，刚玉的150倍，怕重击，重击后会顺其解理破碎。钻石具有发光性，日光照射后，夜晚能发出淡青色磷光。用X射线照射，会发出天蓝色荧光。钻石的化学性质很稳定，在常温下不易溶于酸和碱，酸碱不会对其产生作用。

而食盐的化学式NaCl，是离子型化合物。无色透明的立方晶体，熔点为801℃，沸点为1413℃，相对密度为2.165。有咸味，含杂质时易潮解；易溶于水或甘油，难溶于乙醇，不溶于盐酸，水溶液中性。

　　在我们将盐和钻石的化学性质进行对比后，我们就知道为何盐易碎，而钻石却坚硬无比了。

知识小链接

　　钻石是指经过琢磨的金刚石，在地球深部高压、高温条件下形成的一种由碳（C）元素构成，具有立方结构的天然白色晶体。钻石具有宗教色彩的崇拜和畏惧，同时又把它视为勇敢、权力、地位和尊贵的象征。现在已成为百姓们都可拥有、佩戴的大众宝石。钻石的文化源远流长，也有人把它看成是爱情和忠贞的象征。

人体里有哪些化学元素

最近，妈妈为小丫讲了很多维生素的知识，小丫了解到，人体中每种维生素都不能缺少。妈妈又告诉小丫，维生素是化学元素，要学习化学元素，就要学习化学知识。

小丫突发奇想，问妈妈："妈妈，那人体中有没有化学元素呢？"

妈妈说："当然有了，而且也是每种化学元素都不可缺少。"

小丫："那人体中有哪些化学元素呢？"

人体是由化学元素组成的，组成人体的化学元素有60多种。其中钙、钠、钾、镁、碳、氢、氧、硫、氮、磷、氯11种必需的常量元素，集中在元素周期表头20个元素内，另有铁、铜、锌、锰、钴、钒、铬、钼、硒、碘等十余种必需的微量元素。其中钙、钠、钾、镁4种元素约占人体中金属离子总量的99％以上。它们大多以络合物形式存在于人体之中，传递着生命所必需的各种物质，起到调节人体新陈代谢的作用。当膳食中某种元素缺少或含量不足时，会影响人体的健康。下面介绍一下几种元素在人体中的作用。

氮是构成蛋白质的重要元素，占蛋白质分子重量的16%~18%。蛋白质是构成细胞膜、细胞核、各种细胞器的主要成分。

钠和氯在人体中是以氯化钠的形式出现的，起调节细胞内外的渗透压和维持体液平衡的作用。人体每天必须补充4克~10克食盐。

钙是一种生命必需元素，也是人体中含量最丰富的大量金属元素，含量仅次于碳、氢、氧、氮，正常人体内含钙大约1~1.25千克。每千克无脂肪组织中平均含20克~25克。钙是人体骨骼和牙齿的重要成分，它参与人体的许多酶反应、血液凝固，维持心肌的正常收缩，抑制神经肌肉的兴奋，巩固和保持细胞膜的完整性。缺钙会引起软骨病，神经松弛，抽搐，骨质疏松，凝血机制差，腰腿酸痛。人体每天应补充0.6克~1.0克的钙。

铁是构成血红蛋白的主要成分，铁的摄入不足会引起缺铁性贫血症。

磷在人体中的含量约为体重的1%，是体内重要化合物ATP、DNA等的组成元素。人体每天需补充0.7克左右的磷。

碘是合成甲状腺激素的原料。缺碘，会影响儿童的生长和智力发育，造成呆小症；会引起成人甲状腺肿大。

为了人体的健康，在我们的日常生活中，要注意饮食的平衡，特别是要注意上述元素和其他一些微量元素（如铜、钾、镁、氟、硒、锌等）的补充，以保证生理功能的正常。

知识小链接

人类的生存和发展离不开铜、钾、镁等这些必要的微量元素的吸收、传输、分布和利用。在人体内，微量元素的含量虽然远不如糖、脂肪和蛋白质那样多，但是它们的作用却一点也不亚于糖、脂肪和蛋白质。另外，科学家还通过研究意识到，利用这些微量元素绝对不是很简单的事情，并不像我们吃进米饭、馒头、鱼肉、蔬菜和水果那样简单。

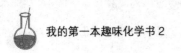

米饭和馒头为什么会越嚼越甜

阳阳一家都是上海人，但他们都不吃甜食。阳阳爸爸在北方工作过几年，也养成了一些北方的生活习惯，偶尔会自己蒸点馒头、包子，不过阳阳并不怎么喜欢吃。

这天，阳阳放学回来，爸爸就在蒸馒头了。阳阳说："爸，有熟的没，我饿了。"

"你不是不爱吃吗？"爸爸一边问一边拿了个蒸好的馒头给女儿。

"饿了呀，饿了吃什么都香。"阳阳已经塞下了半个馒头。

过了好大一会儿，阳阳说："爸，你这馒头是不是放糖了，我不吃甜食。"

"没有，正宗的北方馒头谁放糖啊？"

"那怎么会这么甜？"阳阳问。

"那是因为人体唾液中的淀粉酶把淀粉变成了麦芽糖。我们吃米饭有点甜也是这个道理。"

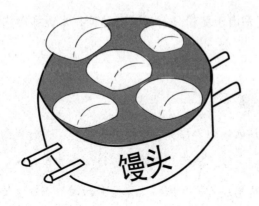

米饭和馒头是我们日常生活中常见的食物，对于南方人来说，主食就是米饭；对于北方人来说，主食就是馒头。大家应该都有这样的感觉，米饭和馒头越嚼会觉得越甜，很多人不知道其中的缘由，所以今天就来给大家介绍一下馒头和米饭为什么越嚼越甜。

米饭和馒头的主要成分是淀粉。淀粉是以葡萄糖为单位构成的多糖，甜度非常低。淀粉的化学式是（$C_6H_{10}O_5$）n，水解到二糖阶段为麦芽糖，化学式是$C_{12}H_{22}O_{11}$，完全水解后得到单糖（葡萄糖），化学式是$C_6H_{12}O_6$。

米饭和馒头中的淀粉在咀嚼的过程中，因为唾液中的淀粉酶而发生了变化。酶是一种特殊的蛋白质，对一些化学反应起到催化作用。淀粉酶在常温下就能很快使淀粉分解成结构简单的麦芽糖。麦芽糖是碳水化合物的一种，甜度大约为蔗糖的1/3。正是由于淀粉分解成了麦芽糖，米饭和馒头才会越嚼越甜。

知识小链接

　　唾液是体液的一部分，它来源于饮食，通过胃的"游溢精气"、肠的吸收、脾的"散精"而成。津液在人体生理上十分重要，亦是构成人体和维持人体生命活动的基本物质。津是指体液中的清稀部分，它流动性强，布散于体表皮肤、肌肉和孔窍，并能渗注于血脉，起滋润作用。液是指质地粘稠的部分，它流动性小，灌注于骨节、脏腑、脑和髓等组织，起濡养作用。由于津与液之间可以相互转化，故津与液常可并称，津液是消化作用的物质基础，以维持生理活动。

橡皮擦为何能擦去铅笔字

爸爸在为小强解释了铅笔的笔芯为何没有毒之后，本来准备拿橡皮擦擦去画错的一处，小强心生好奇，突然问爸爸："那铅笔既然已经写了字，为何橡皮擦能擦掉呢？"

"哈哈，这要从橡皮擦的化学成分说起了……"

在日常生活中，铅笔和橡皮擦应该是我们最常见的文具，当我们在使用铅笔时，一旦写错了字，只要用橡皮擦轻轻地擦去就可以了，可能我们对这一生活细节再熟悉不过，却未曾考虑过橡皮擦的工作原理。

因为纸是纤维组成的。铅笔能写字就是因为笔尖的细小石墨颗粒跑到纸面上去了。那么我们把这些石墨颗粒吸出来，纸不就干净了吗？这可不容易，石墨微粒跑上去了，很细小，不好吸，而且粘得也很牢。那怎么办呢？

要让石墨微粒和纸纤维分离不容易，但我们可以从纸上找办法。石墨微粒都粘在纸面的一层纤维上，我们只要把这层纤维去掉，上面附着的石墨微粒就一起被去掉了，下面露出的纤维又是干干净净的了。

橡皮擦就是这样工作的，它和纸面摩擦，力量不大也不弱，刚好把纸最上面的一层纤维擦掉。普通橡皮擦擦铅笔字可以，擦钢笔字就不行了。为什么呢？很简单，铅笔写字靠的是石墨微粒，只停留在纸的表面。而钢笔是靠墨水，能渗到纸的纤维层里去。要想擦掉钢笔字，就必须多擦去几层纸纤维。

橡皮擦是1770年英国的科学家普里斯特利首先发明的。在这发明之前，人们是用面包片擦铅笔字的。普里斯特利的首次发现引起了很大的轰动，因为它给人们写字带来很大的方便。最早的橡皮擦是用天然橡胶制成的，擦字时不掉碎屑，只是把铅笔的粉末粘在橡皮上，越擦橡皮擦变得越脏。后来，人们在制作橡皮擦过程中加入了硫黄及油等物质，使橡皮擦使用时很容易掉碎屑，被擦掉的铅笔粉末随着碎屑离开橡皮擦，这样，橡皮擦本身能保持干净，也不会把纸弄脏。

知识小链接

橡皮擦去铅笔字的工作原理是利用橡胶分子和其他物质分子之间容易发生作用力，并且橡皮本身质地柔软，不破坏纸张。

在日常生活中，即便书写的是同样的文字，大家也能分辨出来哪个是用铅笔写的，哪个是用钢笔写的。而且用铅笔写的字和用钢笔写的字，必须拿不同的橡皮才能把它们擦掉。

一些解酒秘方真的有效吗

　　这天晚上，小新的爸爸又去应酬了，小新知道，爸爸肯定又要喝醉了才会回来。

　　小新："妈妈，爸爸这样喝酒很伤身体的。"

　　"是啊，没办法，他们的工作性质就是这样。"妈妈长长地叹了一声气。

　　"我听说有解酒秘方呢，可以为爸爸准备点儿。"

　　"其实那些秘方我都听说过，我也咨询了专业人士，其实并没有什么用，对身体的伤害也不会减轻，最好还是减少应酬。"

　　"哦，原来是这样。"

　　现代社会，对于那些经常需要参加应酬的人来说，喝酒是家常便饭，为此，很多人都按照传统的食物法来解酒。例如，他们认为：蜂蜜水能解酒，因为蜂蜜成分中含有一种大多数水果都没有的果糖，它可以促进酒精的分解吸收。此外，关于各种食物的解酒功效，还有：新鲜葡萄——酒后反胃、恶心；西红柿汁——酒后头晕；西瓜汁——酒后全身发热；芹菜汁——酒后胃肠不适、颜面发红；酸奶——酒后烦躁；香蕉——酒后心悸、胸闷。

那么，这些解酒食物真的管用吗？

其实，很多用来解酒的方法并没有解酒的功效，只是针对部分症状，食用以后人觉得舒服了些，好像起到了解酒的作用。但实际上酒精该在那儿还在那儿，该怎么作用还是怎么作用。酒后吃些食物能缓解酒精对消化道的刺激作用，还可以补充水分、矿物质以及各种营养素，对于恢复正常的生理功能都是有好处的。至于吃什么并没有特别的要求，只要是你爱吃的、吃了以后感觉舒服的都可以的。

另外需要提醒的是，有些想当然的对症下药可能带来更坏的结果。为了对付昏昏沉沉症状，有人会尝试喝咖啡或者茶。但这个做法并不好。咖啡和茶里的咖啡因能兴奋你的大脑，但会加重你的脱水状况。

可见，所谓的解酒其实并没有对酒起到什么作用，喝酒的危害也并不会因此而减轻。补充水和食物在一定程度上可以改善身体的难受状况，解酒的说法也就仅仅在这个层面上有那么一点意义。

知识小链接

　　解酒就必须要让酒精尽快地通过代谢、呼吸道、尿液和汗液等途径排出。喝多了不妨通过喝水来加快酒精代谢。因为酒精容易引起人体脱水，醉酒后头痛大多和缺水有关，因此酒后要喝温开水补充体内水分，缓解头痛等不适。很多人习惯在酒后喝茶，但茶利尿，会加重缺水情况。

　　喝水解酒要注意量，以免导致"水中毒"，出现头晕加重、口渴的现象，严重的还会突然昏倒。因此，不能一次性猛喝，应分多次少量小口地喝，以利于人体吸收。每次以100~150毫升为宜，每次间隔半小时。此外，要避免喝5℃以下的水，否则容易引起消化系统疾病。

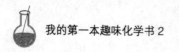

真的有人因笑而死吗

课间休息时，牛牛对同桌芳芳说："告诉你一个有趣的事，昨晚我看电影，看到电影里居然有人因为打麻将赢了而笑死了。"

芳芳一副不相信的样子："别逗了，怎么可能，忽悠我吧。"

"真的，骗你干啥。"牛牛继续说。

这时，后座的小飞也说："这个真的可能会，我以前听我奶奶说，老家村子里就有个人打麻将赢了，然后在牌桌上死了。"

那么，真的有人会因笑而死吗？

如果把笑比作治病的良药，就有个量大量小之分：适量有益，过量有害，而且往往会带来乐极生悲的苦果。大笑、狂笑时，交感神经高度兴奋，肾上腺分泌增多，引起全身血管收缩，血压升高，心跳加快。

虽然笑对人的身体有好处，但不是每个人都可以无所顾忌地笑，有七种人不宜大笑。

（1）怀孕期间的妇女。如果在怀孕时大笑，会因腹部剧烈抽搐而容易造成早产或流产。

（2）进食的儿童。当儿童进食时，切勿逗他大笑，否则，会使食物落入气管内而引起剧烈咳嗽甚至窒息。

（3）接受腹腔、胸腔、血管、心脏等外科手术的病人。术后5~7个月内，应静养休息，不可大笑，否则容易使伤口崩裂，不易愈合。

（4）心肌梗死患者。患有心肌梗死的病人，即便没有急性发作，在恢复期内也不宜大笑，否则会导致疾病发作或加重。

（5）患脑血栓、脑溢血或视网膜下腔出血的病人。大笑会使出血加重。

（6）患有高血压的病人。如果不加节制的大笑，会使血压陡升，严重者可诱发中风。

（7）患有早期疝气者。如果经常大笑，会使病情加重，难以复原。

历史上确实有人因笑而死。

（1）卡尔卡斯（希腊预言家，前12世纪）。

一天当卡尔卡斯在栽种葡萄藤时，另一个正在闲逛的预言家正好从这里经过，他预言卡尔卡斯决不会饮用他自己种的

葡萄所酿成的酒。后来葡萄熟了，并酿成了葡萄酒。卡尔卡斯特地重请那位预言家一起来享用。正当卡尔卡斯举起杯子准备喝的时候，这个预言家又重复了一遍他的预言。这使卡尔卡斯感到滑稽，不禁大笑起来。可能是笑得过分剧烈，他突然感到窒息，喘不过气来，接着就停止了呼吸。

（2）赛克西斯（希腊画家，前5世纪）。据说赛克西斯是在看自己刚完成的一幅老妇人的画时大笑而窒息去世的。

（3）菲利门（希腊诗人，前361~前263）。这位喜剧作家一次对自己所说的笑话欣赏至极，大笑而死。

（4）克里西波斯（希腊哲学家，前3世纪）。克里希波斯据说是在看到一只驴子吃无花果时捧腹大笑死去的。

（5）皮特罗·阿雷诺蒂（意大利作家，1492~1556）。一次，阿雷诺蒂的妹妹对他讲了一则男欢女爱的故事，他听后乐得哈哈大笑，可这时他不小心身体朝后一仰，连人带椅子倒在地上，当场中风而死。

（6）菲兹伯特夫人（英国寡妇，？ ~1782）。1782年4月的一个星期三的晚上，菲兹伯特夫人去看戏，她的朋友斯特先生扮演剧中的"波利"，他身穿一套奇特的异国服装，显得十分滑稽，因此他一登台亮相，立刻引起了哄堂大笑。在场的菲兹伯特夫人也笑了起来。但不幸的是，她却一笑不止，笑得自己无法控制。到第一幕结束时，她只好退场。对以后发生的情况，《绅士》杂志作了如下的报道："由于脑子里无法排除巴内斯特的滑稽形象，菲兹伯特夫人陷入了歇斯底里的状态。她笑个不停，直到星期五早晨去世为止。"

（7）阿立克斯·米切尔（英国建筑工，1925~1975）。米切尔夫妇非常喜欢看电视幽默片《伪善者》，一次当米切尔先生看到该剧中出现的一种叫作"埃基拳"的滑稽自卫方法时，他笑得前仆后仰，无法控制自己。半小时后，他心脏病发作，停止了呼吸。

知识小链接

根据科学家的研究，笑可以活动脸部肌肉，预防皮肤提早下垂，还可以促进脸部血液的循环，让脸色红润。笑还可以让人敞开心胸，使人长久保持良好的心理素质。但是长久大笑，会喘不过气来，严重时还会引起心结堵塞，就一命呜呼。

第 6 章

引经据典，这些成语知识原来来自化学知识

　　小朋友们，相信在日常生活或语文学习中，你已经听过不少的成语，如灵丹妙药、信口雌黄、甘之如饴、水乳交融等，但你是否了解到，其实这些成语中蕴含了很多化学知识呢。那么，今天我们就来看看这些成语典故中，包含了哪些化学知识吧！

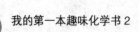刀耕火耨——高效的草木灰肥料

文文的爷爷奶奶住在农村，老两口闲来无事，还捯饬了一亩地，种点自家吃的蔬菜。

春天的一个周末，爸爸妈妈带着文文回老家看他们，到家的时候，只见爷爷奶奶在焚烧稻草捆扎的草垛，文文很奇怪，问爷爷："爷爷，您这是在做什么呢？"

"你们回来啦，我在烧草木灰呢。"爷爷赶紧停下手中的活儿，接过爸爸妈妈手中的东西。

文文赶上去继续问："草木灰是干什么的？"

"给农作物施肥呀，这可是很好的农家肥呢。"爷爷解释道。

"是啊，古时候的成语'刀耕火耨'其实说的就是这种最原始又环保的施肥方式。"

刀耕火耨，指的就是古人播种前先伐去树木烧掉野草，以灰肥田。植物（草本和木本植物）燃烧后的残余物，称草木灰，属于不可溶物质。草木灰质轻且呈碱性，干时易随风而

去，湿时易随水而走，与氮肥接触易造成氮素挥发损失。

草木灰的主要成分是碳酸钾（K_2CO_3），相对分子质量为138。草木灰肥料因草木灰为植物燃烧后的灰烬，所以凡是植物所含的矿质元素，草木灰中几乎都含有。其中含量最多的是钾元素，一般含钾6%~12%，其中90%以上是水溶性，以碳酸盐形式存在；其次是磷，一般含1.5%~3%；还含有钙、镁、硅、硫和铁、锰、铜、锌、硼、钼等微量营养元素。不同植物的灰分，其养分含量不同，以向日葵秸秆的含钾量为最高。在等钾量施用草木灰时，肥效好于化学钾肥。所以，它是一种来源广泛、成本低廉、养分齐全、肥效明显的无机农家肥。

草木灰在农业上的用途有以下几种。

1.可以作土壤施用

因草木灰为碱性，土壤施用以黏性土、酸性或中性土壤为宜。土壤施用可作基肥、种肥和追肥，也可作育苗、育秧的覆盖物（盖种肥）。

2.根外追肥

草木灰所含的钾素，90%以上可溶于水，为速效性钾肥。根据这一特性，草木灰可作根外追肥用，即用浓度为1%的草木灰浸出液进行叶面喷洒。

3.优先作物

草木灰适用于各种作物，尤其适用于喜钾或喜钾忌氯作物，如马铃薯、甘薯、烟草、葡萄、向日葵、甜菜等。

4.肥料作用

钾在植物体内能促进氮素代谢及糖类的合成与运输，可促使植株生长健壮，增强其抗病虫与自然灾害的能力，此外还具有提高植物抗旱能力的作用，保证各种代谢的过程顺利进行。缺乏时茎秆细弱，容易倒伏。

知识小链接

草木灰是农村广泛存在的消毒剂原料，具有很强的杀灭病原菌及病毒的作用，其效果与常用的强效消毒药烧碱相似。

方法是：用2.3千克草木灰，加热水10千克即可用于畜舍、饲槽、用具等消毒。为增强消毒作用，可用30千克草木灰，加水100千克，在锅内煮沸1小时后，过滤去渣，用于猪瘟、口蹄疫、鸡新城疫等病毒。

"信口雌黄"中的"雌黄"是什么

语文课上，老师在为大家讲解课文时讲到"信口雌黄"的含义："'信口雌黄'是一个成语，意为不顾事实，随口乱说或妄作评论。"老师还结合文中的情境为大家示范这一成语的用法。

在课文提问环节，有个学生站起来问老师："老师，'信口雌黄'中的'雌黄'是什么呢？为什么要用'雌黄'来表达这种语言上的不真实呢？"

对于这位学生的疑问，老师说："'雌黄'其实是你们以后在化学中才会学到的一种物质……"

"信口雌黄"是一个成语，原于《晋书·王衍传》。王衍是西晋人，有名的清谈家。他喜欢老庄学说，每天谈的多半是老庄玄理，但是往往前后矛盾，漏洞百出。别人指出他的错误或提出质疑，他也满不在乎，甚至不假思索，随口更改。于是当时人都说他是"口中雌黄"。

其实，雌黄是一种矿物，其成分为三硫化二砷，化学式

As$_2$S$_3$，柠檬黄色，多为细粒状、片状或柱块状，也有为肾状者，多为珍珠光泽。

纯的雌黄呈柠檬黄色；属单斜晶系，是由（As$_2$S$_3$）n所组成的层状晶格；相对密度3.43；300℃时熔化为红色液体，707℃时沸腾而不分解。雌黄难溶于水，也不溶于无机酸，但可溶于硫化钠、碱金属氢氧化物和碳酸盐。

在古时人们写字时用的是黄纸，如果字写错了，就可以用雌黄涂一涂，使字迹消失，就可以重写了。在现代工业中，雌黄可用作颜料、还原剂和药物等。

知识小链接

雄黄（As$_4$S$_4$），又称石黄、黄金石、鸡冠石，是一种含硫和砷的矿石，质软，性脆，通常为粒状，或者粉末，条痕呈浅橘红色。雄黄主要产于低温热液矿床中，常与雌黄（As$_2$S$_3$）、辉锑矿、辰砂共生；产于温泉沉积物和硫质火山喷气孔内沉积物的雄黄，则常与雌黄共生。雄黄不溶于水和盐酸，可溶于硝酸，溶液呈黄色。置于阳光下曝晒，会变为黄色的雌黄和砷华，所以应避光保存以免受风化。加热到一定温度后在空气中可以被氧化为剧毒成分三氧化二砷，即砒霜。

"甘之如饴"中的"饴"指的是什么

语文课上，老师为大家朗诵课文："他承受了一般人所无法承担的压力，却甘之如饴，只为了求取事业成功。"

然后，老师问同学们："大家知道'甘之如饴'是什么意思吗？"

同学们都摇头，老师就为大家解释了这一成语的含义。随后一位同学举手站起来，问："老师，'甘'是甜的意思对吧？那'饴'呢？它又是什么意思呢？"

甘之如饴，意为感到像糖一样甜，表示甘愿承受艰难、痛苦，语出《诗经·大雅·绵》："堇荼如饴。"郑玄笺："其所生菜，虽有性苦者，甘如饴也。"宋·真德秀《送周天骥序》："非义之富贵；远之如垢污；不幸而贱贫；甘之如饴蜜。"

关于这一成语，有这样一个故事。

宋朝末年，文天祥率军抗元，不幸被捕，关入元军的土牢，汉奸张弘范劝他投降，他坚决拒绝。他在又矮又窄的地牢里待了三年，始终不投降，最后被元朝皇帝忽必烈下令杀害，他在狱中写下《正气歌》：鼎镬甘如饴，求之不可得。

"甘之如饴"中的"饴"就是麦芽糖，是一种使用较早的糖类化合物，它可通过风干的麦芽或谷物发酵酿造得到。人体维持生命活动的主要能源来源于糖类化合物氧化产生的热能，糖也是日常生活中不可缺少的调味品，因其独特的甜味，"甘之如饴"就不奇怪了。

麦芽糖是无色或白色晶体，粗制者呈稠厚糖浆状。一分子水的结晶麦芽糖在102~103℃熔融并分解。易溶于水，微溶于乙醇。还原性二糖，有醛基反应，能发生银镜反应，也能与班氏试剂（用硫酸铜、碳酸钠或苛性钠、柠檬酸钠等溶液配制）共热生成砖红色氧化亚铜沉淀。能使溴水褪色，被氧化成麦芽糖酸。在稀酸加热或α-葡萄糖苷酶作用下水解成二分子葡萄糖。用作食品、营养剂等。由淀粉水解制取，一般用麦芽中的酶与淀粉糊混合在适宜温度下发酵而得。

知识小链接

麦芽糖是米、大麦、粟或玉蜀黍等粮食经发酵制成的糖类食品，甜味不大，能增加菜肴品种的色泽和香味，全国各地均产。麦芽糖有软硬两种：软者为黄褐色浓稠液体，黏性很大，称胶饴；硬者系软糖经搅拌，混入空气后凝固而成，为多孔之黄白色糖饼，称白饴糖。

水乳交融——油脂乳化

这天，菲菲在家一边看电视，一边喝牛奶，突然，奶奶打来电话，菲菲被椅子绊了一跤，牛奶洒到了鱼缸中。

菲菲赶紧叫来妈妈，问："妈，这怎么办？牛奶在水里根本溶解不掉。"

"你先找个大盆来，把鱼儿捞进去，我来处理。"菲菲照做了。

随后，妈妈从厨房拿来洗洁精，然后挤进去一滴，菲菲就看见牛奶块儿不见了。

菲菲："好神奇，洗洁精是怎么做的呢？"

妈妈："其实跟洗洁精去污的原理一样啊，这就是人们常说的'水乳交融'。"

妈妈说完，将鱼缸刷干净，将鱼重新放了回去。

"水乳交融"是一个成语，意为像水和乳汁那样融合在一起，借以比喻关系非常融洽或结合得十分紧密。

那么，洗洁精的去污原理又是什么呢？

这是依据乳化原理。具体而言，主要是借助乳化剂，一般它是两亲分子（既亲水又亲油），乳化剂的亲油端可以将衣服上的油污包裹在里面，亲水端露在外面。根据相似相溶原理，被乳化剂包裹的一个个"衣服上的油污"便可以分散到水中，被洗涤下来了。

我们用洗发水洗发也是利用类似的道理。只不过，洗发水洗下来的是头发分泌的油脂。

洗洁精结构分为两部分，一端（有极性）是容易与水结合的亲水基，另一端（无极性）是容易与油污结合的亲油基。当洗洁精溶解于水后去清洗脏物的时候，亲油基端会插入油污内部，亲水基则被大量水分子包围。（形如箭插入猎物身体一样）经过揉搓，就把脏物从器皿和衣物上拖拽掉了。

洗洁精的主要成分是烷基磺酸钠、脂肪醇醚硫酸钠、泡沫剂、增溶剂、香精、水、色素和防腐剂等。烷基磺酸钠和脂肪醇醚硫酸钠都是阴离子表面活性剂，是石化产品，用以去污油渍。

知识小链接

牛奶中的蛋白质、脂肪并不溶于水，但通过乳酪素为乳化剂可分散在水中形成乳液。洗洁精、洗发精去污的原理与此相似：让不溶于水的油脂乳化分散到水中——水乳交融而除去。

🧪 沙里淘金——重力选矿法

阳阳一家很高兴，因为爸爸即将代表全单位几百人出国参赛，为此，阳阳和妈妈都为爸爸感到自豪。

这天，家里来了很多爸爸的同事、领导，都要为爸爸践行，饭桌上，其中一位领导说："这个筛选过程进行了半年多，最终选中了你，这是沙里淘金的过程，你是一名精英，我们都为你自豪，来，我们大家干一杯。"

阳阳小声地问妈妈："什么是'沙里淘金'？"

"一会儿吃完饭再说。"妈妈小声地说。

"沙里淘金"是一个成语，意为用水冲洗，滤除杂质，从沙里淘出黄金。借以比喻好东西不易得、做事费力大而收效少、从大量的材料里选择精华。

由于黄金的化学性质稳定，一般不与其他物质反应，所以它以游离态存在于沙石中，在自然的风化作用下，岩石破碎，最后形成沙子和土，而颗粒状的金沙就埋藏在其中，在流水的冲刷、搬运下，泥沙、金子的颗粒和水一起移动，它们移动的速度和状态不同，所以在河床的某区域可以形成金沙富积的地带，就是人们渴望找到的淘金地，人们在这设立淘金设备，将河沙挖到淘金斗里，再抽河水冲斗里的沙子，大量的沙子就被水带走，在斗里留下的就是金灿灿的金子。例如，四川的金沙江就是著名的淘金地带，据说一条采金船价值一百万，而幸运的淘金者一个月就可以回本。

其实，沙里淘金就是重力选矿法。重力选矿法是处理钨、锡、金矿石，特别是处理砂金、砂锡矿传统的方法，在处理含稀有金属（铌、钽、钛、锆等）的砂矿中应用也很普遍。重力选矿法也被用来分选弱磁性铁矿石、锰矿石、铬矿石。

重力选矿法的实质概括起来就是松散—分层—分离过程。置于分选设备内的散体矿石层（称作床层），在流体浮力、动力或其他机械力的推动下松散，目的是使不同密度（或粒度）颗粒发生分层转移，即要达到按密度分层。重选理论所研究的

问题，简单说来就是探讨松散与分层的关系。分层后的矿石层在机械作用下分别排出。即实现了分选。故可认为松散是条件，分层是目的，而分离则是结果。

尽管重选理论到今天仍未达到完善地步，但和许多工艺学科一样，它已可为生产提供基本的指导，并可作为数理统计和相似与模拟研究的基础。

知识小链接

金是一种金属元素，化学符号是Au，与大部分化学物都不会发生化学反应，但可以被氯、氟、王水及氰化物侵蚀。金的单质（游离态形式）俗称黄金，柔软、光亮、延展性好，一直都被用作货币、保值物及珠宝。在自然界中，金以单质的形式出现在岩石中的金块或金粒、地下矿脉及冲积层中。

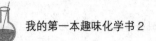石破天惊——火药爆炸产生的效果

今天语文课上，语文老师给我们讲了唐代李贺的诗《李凭箜篌引》，诗中有这样一句："女娲炼石补天处，石破天惊逗秋雨。"老师还特意解释了成语"石破天惊"的含义："原形容箜篌的声音，忽而高亢，忽而低沉，出人意料，有难以形容的奇境。形容事情或文章议论新奇惊人。"

随后，老师又补充说："其实，在古代也只有火药爆炸才能产生'石破天惊'的效果。"

火药是我国古代四大发明之一，其基本成分为硝石（硝酸钾）、硫黄及木炭。三者按一定的比例混合加热后，发生激烈的化学反应，产生大量的光和热。

火药爆炸是一种化学反应，反应过程必须同时具备三个条件：第一，反应过程为放热性；第二，反应高速进行并能自行传播；第三，反应过程中生成大量气体产物。

反应过程的放热性为爆炸反应的必要条件。只有放热反应才能使反应自行延续，从而使反应具有爆炸性，只靠外界供给

热量以维持其反应的物质是不可能发生爆炸的。爆炸反应过程中，单位质量炸药在一定条件下（如在某一装药密度下）所放出的热量称为爆热。

爆炸反应的一个突出点是反应的高速性，许多普通化学反应放出的热量虽比炸药放出的热量多，但反应过程进行缓慢，而爆炸反应在十万分之几秒至百分之几秒内完成，比一般化学反应快千万倍。由于反应的高速性，反应所产生的热量在极短的瞬间来不及扩散，形成的高温高压气体产物使炸药具有很大的功率。反之，如果反应进行缓慢，生成的热和气体逐渐扩散到周围介质中，就不会形成爆炸。爆炸过程进行的速度，一般指爆轰波在炸药中传播的速度，这个速度称为炸药的爆速。

爆炸反应过程必然产生大量气体。火药爆炸时产生的气体体积为爆炸前体积的数百至数千倍。在爆炸的瞬间大量气体被强烈地压缩在近乎原有的体积之内，因而产生数十万个大气压的高压，再加上反应的放热性，高温高压气体迅速对周围介质膨胀作功，这就造成了火药所具有的功率。因而火药是在适当的外界能量作用下，能够发生快速的化学反应，并生成大量的热和气体产物的物质。火工品则是装有炸药的小型元件或装置，受一定的初始冲能（如热、机械、电和光等冲能）作用即可燃烧或爆炸，以产生预期的功能。常见的火工品有雷管、导火索、导爆索、火帽、底火等。

知识小链接

火药是在炼丹过程中发明的，公元8~9世纪，炼丹家已经知道硫黄、硝石与木炭混合燃烧时，会发生剧烈的反应。这样，在唐代就发明了以这三种物质为原料的黑色火药。到宋元时期，各种药物成分有了较合理的定量配比，并且先在军事上得到使用，出现了最早的火炮、火枪、火箭、地雷、炸弹等火药武器。现在中国历史博物馆珍藏的铜火镜，制造于元年顺三年（1332）。它是目前世界上发现的最早的铜炮，由于靠火药作为推动力，且威力较大，被称为"铜将军"。

火树银花——绚烂的烟火

国庆节这天，普天同庆，到了晚上，市民广场上人很多。

吃过晚饭，琳琳一家也来到广场上，因为每年从广场正中央都能看到绚烂的烟火。

果然，八点钟的时候，烟花盛会就开始了，琳琳很兴奋，说："快看，好美啊。"

爸爸说："是啊，现在才开始呢，还是小烟花，过会儿就是真的火树银花了。"

琳琳问："什么是火树银花啊？"

"就是最绚烂的烟花啊。"妈妈说。

成语"火树银花"一词中的火树就是指焰火，俗称烟花。

关于"火树银花"，还有这样一个成语故事。

睿宗是唐代君主中最会享乐的一位皇帝，虽然他只当了三年的皇帝，但不管什么节日，他都要用很多的物力、人力去铺张一番，供他玩乐。每年逢正月元宵的夜晚，他一定扎起二十

丈高的灯树，点起五万多盏灯，号为"火树"。后来诗人苏味道就拿这个做题目，写了一首诗，描绘它的情形。他的元夕诗曰："火树银花合，星桥铁锁开，暗尘随马去，明月逐人来。游伎皆秾李，行歌尽落梅，金吾不禁夜，玉漏莫相催。"这首诗把当时热闹的情景，毫无保留地描写出来，好像活跃在我们的眼前。

烟火有平地小烟火和空中大烟火两类，点燃后烟火喷射，呈各种颜色，并幻成各种景象。烟花始于宋代，今又称"礼花"，为节日所常用。

那么，绚烂的烟火是什么化学原理呢？

烟火中的火药当受到机械作用（冲击和摩擦）时，容易引起燃烧和爆炸。其原因和变化过程是因为烟火的火药内部相邻的氧化剂和可燃物的结晶之间有大量自由接触的表面，当个别结晶表面上受到机械作用时，产生了垂直压力和正切力，在这两种力的作用下，氧化剂和可燃物各分子间紧密靠拢，接近到互相作用的分子田力场，并使原来的原子键破裂，从而产生了化学变化（燃烧或爆炸）。

近年来冷烟火发展迅速，成为烟火发展新趋势，曾在上海APEC会议、悉尼奥运会、全国九运会上崭露头角，冷焰火是现代烟花的高科技结晶。

冷烟火是采用燃点较低的金属粉末，经过一定比例加工而成的冷光无烟烟火。冷烟火燃点低，燃点在60~80℃，外部温度30~50℃，对人体无伤害，适用于舞台表演和各种造型设计。冷焰火科技含量高，以环保无污染而倍受人们青睐。

知识小链接

烟火由上下两部分组成，下部装有类似火药的发射药剂，上部装填燃烧剂、助燃剂、发光剂及发色剂。由于发色剂内含各种金属元素的无机化合物，它们在燃烧时显示各种各样的颜色，因此烟火在燃放时能发出五颜六色的光芒。

第 7 章

趣味多多，挖掘化学中的那些历史传奇

　　细心的你，不知道是否对生活中的这些问题和现象有过思考：家中的花瓶是用什么做的？在熬中药时为何选用瓦罐？电视剧中的长生不老丹药真的那么神奇吗……如果你对这些问题感兴趣，不妨来看看本章的化学小知识吧！

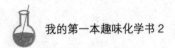 陶器的发明——古代化学的萌芽

小燕的妈妈最近报了个兴趣班——陶器制作。这天晚上，妈妈带着自己的"作品"回来了，小燕看到后，惊叹地问："这真是你亲手做的吗？"

妈妈自豪地说："确定无疑。"

"您这可真是有一双巧手啊。我仔细观摩观摩。"小燕把玩着这个小瓶子。

"你可小心点，别摔了。"

这时，爸爸也回来了。

"不错啊，这么快就开始自己制作了啊。"

"嗯，这是我的第一个'作品'。"

小燕插了一句："妈，外面的泥土能做陶器吗？"

"当然不行，陶器必须用黏土或者陶土才行。"妈妈说。

"是啊，中国古代化学的先河就是从陶器开始的呢。"爸爸补充道。

陶器是指以黏土为胎，经过手捏、轮制、模塑等方法加工

成型后，在800~1000℃高温下焙烧而成的物品，坯体不透明，有微孔，具有吸水性，叩之声音不清。陶器可分为细陶和粗陶，白色或有色，无釉或有釉。品种有灰陶、红陶、白陶、彩陶和黑陶等。陶器的表现内容多种多样，动物、楼阁以及日常生活用器无不涉及。陶器的发明是人类文明的重要进程——是人类第一次利用天然物，按照自己的意志创造出来的一种崭新的东西。从河北省阳原县泥河湾地区发现的旧石器时代晚期的陶片来看，在中国陶器的产生距今已有一千多年的历史。

陶器的主要原料就是陶土或黏土。接下来，我们看看这两种土的性状：

1.陶土

陶土是制作陶器的原料。矿物成分复杂，主要由高岭石、水白云母、蒙脱石、石英和长石组成。颗粒大小不一致，常含沙砾、粉砂和黏土等。具有吸水性和吸附性，加水后有很好的可塑性。颜色不纯，往往带有黄、灰等色。

陶土主要用作烧制外墙、地砖、陶器具等。

2.黏土

黏土是一种重要的矿物原料。它是颗粒非常小的（<2μm）可塑的硅酸铝盐。除了铝外，黏土还包含少量镁、铁、钠、钾和钙，一般由硅酸盐矿物在地球表面风化后形成。

黏土矿物用水湿润后具有可塑性，在较小压力下可以变形并能长久保持原状，而且比表面积大，颗粒上带有负电性，因此有很好的物理吸附性和表面化学活性，具有与其他阳离子交换的能力，可用于制作陶瓷制品、耐火材料、建筑材料等。

知识小链接

中国作为四大文明古国之一，为人类社会的进步和发展作出了卓越的贡献，其中陶瓷的发明和发展更具有独特的意义。中国陶瓷的发展历史是中华文明史的一个重要组成部分，反映了中国历史上各朝各代不同艺术风格和不同技术特点。英文中的"china"既有中国的意思，又有陶瓷的意思，清楚地表明了中国就是"陶瓷的故乡"。

金属冶炼——多种方法获得金属单质

球球的爸爸在冶炼厂上班，小时候，球球也不知道爸爸的工作具体是什么，别人问起来，他就说，他的爸爸能变废为宝。

上小学后，他对爸爸的工作更好奇了，有一次，他非缠着爸爸问："爸爸，你到底是做什么工作的啊？"

"金属冶炼啊。你不是一直都知道嘛。"

"我知道是金属冶炼，但怎么冶炼呢？"球球追问。

"这个估计你得有一点化学底子才能理解。金属冶炼呢，就是把金属从化合态……"

上面球球爸爸说的金属冶炼就是把金属从化合态变为游离态的过程。用碳、一氧化碳、氢气等还原剂与金属氧化物在高温下发生还原反应，获得金属单质。

古代金属冶金是从陶器烧制中发展而来，最先发现的是铜的冶炼。随着陶器烧制技术的发展，其需要的工作温度越来越高，已达到铜的熔点温度。而在陶器烧制过程中，在一些有铜

矿的地方制作陶术，铜成了附生物质而被发现。随着经验慢慢的积累，古人不仅掌握了铜的冶炼，还逐渐掌握了其他金属冶炼的方法。

金属冶炼方法主要有以下三种。

1.火法冶金

火法冶金又称为干式冶金，是一种把矿石和必要的添加物一起在炉中加热至高温，熔化为液体，生成所需的化学反应，从而分离出用于精炼的粗金属的方法。

2.湿法冶金

湿法冶金是在酸、碱、盐类的水溶液中发生的以置换反应为主的从矿石中提取所需金属组分的制取方法。此法主要应用在低本位、难熔化或微粉状的矿石。世界上有75%的锌和镉是采用焙烧—浸取—水溶液电解法制成的。这种方法已大部分替代了过去的火法炼锌。其他难于分离的金属如镍–钴，锆–铪，钽–铌及稀土金属都采用湿法冶金的技术如溶剂萃取或离子交换等新方法进行分离，取得了显著的效果。

3.电解法

电解法应用在不能用还原法、置换法冶炼生成单质的活泼金属（如钠、钙、钾、镁等）和需要提纯精炼的金属（如精炼铝、镀铜等）。电解法相对成本较高，易对环境造成污染，但提纯效果好、适用于多种金属。

知识小链接

中国人最早利用天然铜的化合物进行湿法炼铜。西汉·刘安在《淮南万毕术》中记载："曾青得铁则化为铜"，这里的"曾青"指的是可溶性铜盐。当铜盐遇到铁时，就有铜生成，其化学反应方程式为：$Fe+CuSO_4=Cu+FeSO_4$。这就是典型的置换反应。

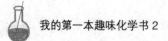

炼丹术——真有长生不老的灵药吗

　　妞妞和妈妈就古装剧中的大师炼制丹药问题又聊起来了。

　　妞妞问："妈妈，那个炉子里是什么东西啊？怎么七七四十九天之后就出来一颗小药丸呢？这颗药丸真的能让人长生不老吗？"

　　"其实，炉子里的东西放到现代来说就是一些化合物，然后经过高温转动形成球体而已。这些所谓的长生不老药也许能消炎治病，但绝对不能长生不老。"

　　妞妞说的炼丹术是指我国自战国以来就创始和应用的将药物加温升华的制药方法，为世界各国之最早者。西元9~10世纪我国炼丹术传入阿拉伯，12世纪传入欧洲。

　　炼丹术不是科学，就像江湖技法，虽然蕴含某些科学道理但不是自然科学，此体系发展不出科学。炼丹法所制成的药物有外用和内服两种：外用至今还很有价值，内服则由于其毒性较大而逐渐被淘汰。所谓神丹妙药，以求长生不死、还丹成仙，则是荒谬的。

丹，是中药的一种剂型，古今许多药方都名曰"丹"，以示灵验，如天王补心丹、至宝丹、山海丹等。这些方药，主要由动植物药配制而成，与本来意义上的丹毫不相十，只是借用"丹"名而已，古代炼丹术对后世的深刻影响，由此可见一斑。

炼丹术，又称外丹黄白术，或称金丹术，简称"外丹"，以区别于长寿真人丘处机全真龙门派的"内丹"导引术。炼丹术约起于战国中期，秦汉以后开始盛行，两宋以后，道教提倡修炼内丹（即气功），"丹鼎派"风行一时而排斥外丹术；直到明末，外丹火炼法逐步衰落而让位给"本草学"。

炼丹是古人为追求"长生"而炼制丹药的方术。丹即指丹砂或称硫化汞，是硫与汞（水银）的无机化合物，因呈红色，陶弘景故谓"丹砂即朱砂也。"丹砂与草木不同，不但烧而不

烬，而且"烧之越久，变化越妙。"丹砂化汞所生成的水银属于金属物质，却呈液体状态，具有金属的光泽而又不同于五金（金、银、铜、铁、锡）的"形质顽狠，至性沉滞"。

由于丹砂的药理效用及其理化性能，古代炼丹家将其作为炼丹的主要材料。其形体圆转流动，易于挥发，古人感到十分神奇，进而选择其他金石药物来和液体汞（水银），按照一定配方彼此混合烧炼，并反复进行还原和氧化反应的实验，以炼就"九转还丹"或称"九还金丹"。这是人类最早的化学反应产物。在古代，它被认为是具有神奇效用的长生不死之药。最古本的著作为秦汉的《神农本草经》，将五金、三黄、乒石等四十多味药物分别列为上、中、下三品，指出其分等级的标准是："上药令人身安、命延、升天、神仙……"其中丹砂被列为炼丹的上品第一，是古代炼丹术最早选择的重要药物材料。炼丹家将丹砂加热后分解出汞（水银），进而又发现汞（水银）与硫化合生成黑色硫化汞，再经加热使其升华，就又恢复到红色硫化汞的原状。丹砂炼汞和将汞、硫化合而还丹砂，实际上是属于化学的还原和氧化反应。晋人葛洪在《抱朴子·金丹篇》说："凡草木烧之即烬，而丹砂炼之成水银，积变又还成丹砂，其去草木亦远矣，故能令人长生。"

知识小链接

古代的炼丹术有两种：一种是炼丹药，另一种是炼丹头。丹药吃了会益寿延年，甚至会长生不老，羽化升仙。炼丹药的是道士，很多朝代的皇帝都相信，并请炼丹的道士入宫炼丹。丹头就是将汞（水银），变为白银。炼丹头的就不是道士了，出家人求道不求财，会去炼丹药？炼丹头的是俗家人，叫作丹客。

炼丹术在隋代分化为外丹（服药）、内丹（练功）两种，外丹术在唐宋时代继续得到发展，虽然从它的本来目的来说是全然失败的，但是炼丹实践使人们得以接触到种种自然现象，因而提高了对自然界的认识，取得了不少有价值的经验性知识，如唐末出现的火药就是炼丹实践的产物。

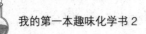 ## 煎煮中药为什么不能用铁器

妞妞的奶奶最近腰扭了，妈妈从中医院抓了不少中药回来。

这天，妞妞放学回家，妈妈在厨房熬药。

妞妞问："妈妈，这个苦吧？"

"是啊，难为奶奶了，不过中药对身体好。"

"嗯，妈妈，你买新锅了呀？"

"是啊，熬药用的。"

"那你为什么不用家里的这个铁锅熬呢？"妞妞问。

"因为铁锅是不能熬中药的。"

"那是为什么？"

煎煮中药汤剂时，煎药器皿的选择一向很讲究。古代人根据经验，统一规范为：凡煎药最忌铜、铁器，宜用银器、瓦罐。现代知识也印证了上述理论是正确的。

我们都知道，铁、铜器的金属化学物质比较不稳定，在高温煎煮过程中，一些如铜离子、铁离子等可能活跃出现，而连

环地促进很多复杂的化学反应。例如，使用铁锅煎中药，很容易与大黄、何首乌、地榆、五倍子、白芍等药材所含的鞣质、甘类等成分起化学反应，产生一种不溶于水的"鞣酸铁"及其他有害成分，轻则改变药液性味，降低疗效；重则使服用者发生反胃、恶心、呕吐等副作用。如果选用铜锅煎药，则铜离子易与中药的一些成分混合而发生化学变化，产生对人体有害的"铜绿"。

银器锅虽然金属性质稳定，但价格昂贵，一般家庭较少购置。因此，煎药器皿还是以砂锅、瓦罐，或者无色素的搪瓷锅最恰当。

知识小链接

其实，中医对煎中药的讲究还有很多，不仅是用的器具，水和火也十分讲究，哪个环节做不好，都会对药效造成影响。特别是在选择煎药器具时，应注意三个条件：一是器具容量大小应适中，方便药物浸泡和翻滚开煮；二是容器要有盖，以防药性随水分蒸发和散失，确保药物溶解；三是器具成分要稳定，不会与药液发生化学反应。

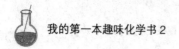

女儿国里的神秘化学——都是"镉"在作怪

一到暑假，孩子们最喜欢的《西游记》就开播了。

这不，中午时间，妈妈在打扫卫生，琳琳和表妹小艾窝在沙发上看《西游记》。她们所看的是唐僧误入女儿国的那集。

小艾突发奇想，问琳琳："姐姐，真的有女儿国吗？"

琳琳说："我也不知道，应该没有吧，怎么可能有整个国家都是女人的地方呢？"

小艾说："哦。"

妈妈在一旁听到了，说："其实我听说过一个新闻，说我国有个地方全是女性，这是因为这个地区的水也和女儿国里一样有点问题，女人喝了这个后，只生女儿不生儿子。"

妈妈的一番话说得两个孩子目瞪口呆，惊讶极了，俩人非要追着问这个地方的水是怎么回事。

在《西游记》中，有一段情节：唐僧师徒途经忘川河，因激怒河神而误入西梁女界。闯入其中，才发现这个国家只有女人……

其实，早在当年看小人书时，作者就曾有过困惑：为什么女儿国只有女子，就算喝了子母河水生的也都是女孩呢？直到后来学了化学才恍然大悟：原来，"女儿国"并非只是吴承恩老先生的杜撰，在这其中，还蕴藏着神秘的化学原理。

前些年曾有媒体报道：广东某山村的村民们相继生出的都是女孩，人们议论纷纷："照此下去，这里岂不是变成'女儿国了'吗？"

于是，有专家进驻村里展开调查研究。这才发现，原来此前曾有地质队在附近探矿，钻机将地下含镉的泉水引了出来，导致饮用水中的镉元素含量升高。村里的人们喝了镉含量高的水，就只会生女孩而不生男孩。

镉，化学符号为 Cd，是银白色有光泽的金属，熔点320.9℃，沸点765℃，有韧性和延展性。镉的毒性较大，会对呼吸道产生刺激，长期暴露在被镉污染的空气中会造成嗅觉丧失症、牙龈黄斑或渐成黄圈；镉化合物不易被肠道吸收，但可经呼吸被体内吸收，积存于肝或肾脏造成危害，还可导致骨质疏松和软化。

当人体含镉量高时，精子成熟活动率受到损害，含 X 染色体的精子的抵抗力强，生存率高，与卵子结合的机会多，就容易生女孩——这正是导致"女儿国"的主要原因。

找到原因后，当地政府经过治理，使情况得以好转，"女儿国"里终于又生出男孩了。由此看来，子母河并非子虚乌有。玄怪的情节之中，所蕴涵的正是化学的神奇奥秘。

知识小链接

镉在工业中被广泛应用：由于镉有较高的抗拉强度和耐磨性，镉镍合金是飞机发动机的轴承材料；由于镉具有较大的热中子俘获截面，因此含银（80%）铟（15%）镉（5%）的合金可作原子反应堆的控制棒；由于镉氧化电位高，故可用作铁、钢、铜之保护膜，广用于电镀防腐上。另外，镉的化合物还曾广泛用于制造（黄色）颜料、塑料稳定剂、（电视映像管）荧光粉、杀虫剂、杀菌剂、油漆等。

第 8 章

悬而未解，谈谈那些未曾解决的化学之谜

　　人类文明源远流长，先辈们给我们留下了太多的财富，也给我们留下了太多的谜题，如埃及木乃伊是如何制成的？拿破仑到底是怎么死的？烟幕弹是如何制作并起到扰乱敌人视线的目的的……这些问题的答案，都属于化学范畴，接下来，我们就来探查这些问题的谜底吧！

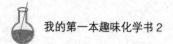

拿破仑之死——死因到底是什么

小夏有个表弟，却非常聪明。才上二年级的他，能背诵几百首古诗，还参加了五年级学生的奥数比赛并拿了名次，这让小夏乃至周围的孩子都佩服有加。

这天，小夏的姨妈带着表弟来家里吃晚饭，小夏突然发现表弟居然是左撇子，然后吃惊地说："你为什么用左手吃饭？"

表弟很淡然地回答："因为左手比右手更顺手。"

小夏不知道怎么回答了，还是妈妈接下了话题："据说习惯用左手的人的右脑更发达，就我知道的拿破仑就是个左撇子。"

小夏好奇地问："拿破仑是谁？"

没想到表弟却脱口而出："法兰西第一帝国的缔造者。"简单几个字，让在场的所有人瞠目结舌。

接下来表弟冷冷地又说了一句话："再伟大还不是最后死因不明。"

一句话让所有人哑口无言，面面相觑。

实际上，小夏表弟说的"死因不明"确实如此，拿破仑的死因在历史上一直是个谜团。科学家和史学家近白年来为此争论不休：有毒死、过度使用灌肠剂、胃癌等种种猜测。20世纪60年代，瑞典牙医斯腾·佛斯胡夫维德在拿破仑的头发进行检验分析，发现头发中含有大量的（砷），由此，毒死的说法占上风。

砷，俗称砒，是一种非金属元素，元素符号As，单质以灰砷、黑砷和黄砷这三种同素异形体的形式存在。砷元素广泛的存在于自然界，共有数百种的砷矿物是已被发现。砷与其化合物被运用在农药、除草剂、杀虫剂和许多种的合金中。其化合

物三氧化二砷，是种毒性很强的物质。

由于人头发中的微量元素与人血中的成分比较相似，能够准确地反映出人体内的一些新陈代谢状况。而拿破仑的头发中检测出大量的砷，从而能推断出拿破仑可能是被砒霜毒死的，因为砒霜的主要成分就是三氧化二砷。

根据上述理论，拿破仑是中毒身亡的这一推断，似乎比较可靠。但是后来又有报道称，找到了一份当时给拿破仑验尸的医生的手稿，里面清楚地写着当时拿破仑的胃部有一块很大的增生，而拿破仑又有胃癌的家庭病史，由此推断拿破仑是死于胃癌。

不管哪种说法，都还是不能让所有人信服，追求真相的人们还在为揭开拿破仑之死的真相而调查、奔波着。

知识小链接

三氧化二砷，俗称砒霜，分子式As_2O_3，是最具商业价值的砷化合物及主要的砷化学开始物料。它也是最古老的毒物之一，无臭无味，外观为白色霜状粉末，故称砒霜。三氧化二砷是经某几种指定的矿物处理过程所产生的高毒性副产品，如采金矿、高温蒸馏砷黄铁矿（毒砂）并冷凝其白烟等。

千年不蠹——神奇的木乃伊

飞飞妈妈的公司离飞飞的学校很近，平时，飞飞放学后就会来到妈妈的办公室等妈妈一起回家。

这天，妈妈从外面赶回来，看见儿子在用自己办公室的电脑上网，感到很奇怪，就走过来问："儿子，看什么呢？"

"查点资料。"

"查资料？什么资料？"妈妈很好奇。

"埃及木乃伊的资料，我听同学说木乃伊是干尸，我想查查干尸为什么能千年不腐。"

"是啊，古埃及人无论贵贱贫富，死后都会制成干尸……"

飞飞说的木乃伊，即"人工干尸"，此词译自英语mummy，源自波斯语mumiai，意为"沥青"。世界上许多地区都有用防腐香料处理尸体，年久干瘪，即形成木乃伊。

很早的时候，古埃及人就有灵魂不死的观念。他们相信，人是由躯体和灵魂构成的，即使在阴间的世界里，死者仍需要自己的躯体。尸体并非"无用的躯壳"，只要这个躯壳一直保存完好，就可以一直用下去。灵魂随着肉体的点滴破坏而逐渐丧失，而肉体的彻底毁灭则意味着灵魂的全部消亡。只要保存住肉体，让灵魂有栖身之处，死者就能转世再生。他们把人的死亡，看成是到另一个世界"生活"的继续，因而热衷于制干尸、修坟墓，以让死去的人在"另一个世界"里生活得更好。他们用盐水、香料、膏油、麻布等物将尸体泡制成"木乃伊"，再放置到密不透风的墓中，就可经久不坏。深藏墓中不会腐烂的尸体，静静等待着死亡的灵魂重新回来依附于肉体。

古埃及人又意识到，人的复活只能在阴间，而不是在人间。因而，尸体同灵魂的重新组合，也不能使人重新回到人世，而只能生活在地下深宫。作为统治者的奴隶主为了满足自己死后生活的需要，不惜动用大量的人力、物力、财力建造坟墓，金字塔就是在这种形势下出现的。坟墓里还必须摆放各式各样生前的生活用品，便于墓主人享用。这种费用昂贵的处理尸体的办法一般适用于法老、达官贵人和富翁。穷人制作木乃伊的方法则简单多了，将腹部用泻剂清洗一下，然后把尸体放到泡碱粉里浸40天，取出后，让风吹干，葬于干燥的沙丘中。

木乃伊的制作，夹杂着一些神秘和迷信的东西，就木乃伊制作本身来说，它反映了古埃及医学水平所达到的成就。在制作木乃伊的过程中，埃及人积累了不少解剖学的知识，初步了解到人体血液循环和心脏功能的关系，以及大脑对人体的重要作用。现在能看到的《爱德温·史密斯纸草》是古埃及最重要的医学文献。这部医学著作是19世纪60年代一个名叫爱德温·史密斯的人发现的，大约是公元前1600年的抄本，其中最古老的部分可以上溯到中王国时期。纸草上半部系统地叙述了人体的构造，有一点很像今天的人体解剖学，并列举了48种病例，分为可治、难治、不可治三种类型，还对病状作了详细的描述。可惜的是，下半部已经失传。在公元前2500年左右的雕塑作品中，可以看到当时医生施行外科手术的图像。这些都说明古埃及医学已经达到了很高的水平。古埃及的医学成就与他们解剖尸体、制作木乃伊有关。

知识小链接

木乃伊，即干尸。古代埃及人用防腐的香料殓藏尸体，年久干瘪，即形成木乃伊。古埃及人笃信人死后，其灵魂不会消亡，仍会依附在尸体或雕像上，所以，法老王等死后，均制成木乃伊，作为对死者永生的企盼和深切的缅怀。

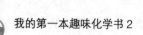

面粉爆炸的原理是什么

这天傍晚，爸爸一回来就去厨房，开始做馒头了。爸爸从面粉袋里舀出一大碗面粉，正准备放进一个不锈钢盆里。

这时，阳阳走进来，一不小心撞到了回头的爸爸，面粉洒了，阳阳一头面粉，看到阳阳的囧样，爸爸和阳阳一起笑了。

阳阳说："简直是面粉炸弹啊，突然朝我袭来。"

"哈哈，都是爸爸的错，回头的时候没注意到你来了。"

"没事，也没全部洒掉。"

"对了，刚才你说面粉炸弹，其实面粉真的会爆炸，你信不？"爸爸问。

"怎么可能？"

"就知道你不信，这是第二次世界大战中的真实事件……"

面粉会爆炸是什么怎么回事？很多人都不了解，面粉在他们看来是一种日常食品，非常安全，怎么会发生爆炸呢？下面我们就来讲讲这个故事。

在第二次世界大战期间，希特勒的空军不断轰炸英国，炸弹从天而降。英国一家面粉厂的厂主暗自庆幸炸弹没有击中他的厂房，但几乎与炸弹落下的同时，车间里发生了大爆炸，屋顶飞上了天，爆炸的威力比炸弹爆炸的威力还大。与此同时，其他几家面粉厂也发生了爆炸。

这种奇特的爆炸使工厂损失惨重，而且令人莫名其妙，因为没有炸弹落到厂房上，况且车间里只有面粉和机器，没有炸药一类的爆炸物品。那么面粉爆炸的原理是什么呢？

面粉厂里的粉碎机要把小麦加工成很细很细的面粉，粉碎机就要消耗电能而对被加工的物料做功，使物料被粉碎。其中，粉碎机所做的功的一部分转化成能量，储存在被粉碎以后的物质颗粒表面，这部分能量在物理化学中被叫作"表面能"。并且，对于一定的物质来说，被粉碎的程度越大，即颗粒越小，则表面积越大，那么表面能也就越大。

由于粉尘具有这么高的表面能，同大块的物料相比，它就很容易发生物理变化或化学变化而将其能量释放出来。

这个道理就好比，高处的水比低处的水有多余的势能，因此它不仅仅使面粉，凡是易燃烧的粉尘如可可、软木、木材、轻橡胶、皮革、塑料，以及几乎所有的有机化合物和各种无机材料如硫、铁、镁、钴等的粉尘，如果在空气中达到一定的浓度时，只要一遇到明火，即使是星星之火，也会引起剧烈的爆炸，而且有时这些细尘的爆炸也决不亚于炸弹的破坏作用。

面粉爆炸主要是因为面粉是由碳、氢、氧元素组成的一种可燃性物质，当把颗拉很细的面粉吹飞起来而悬浮在盒内的空气中，这样就使面粉和空气有很大的接触面积，因而特别容易着火。如果此时空间里存在火源，哪怕只是一根蜡烛，也会影起爆炸，面粉飞向空中后，靠近烛火的面粉首先着火燃烧，并产生大量的热。所产生的热又使附近的面粉迅速燃烧，产生更多的热量。如此产生的热量越来越多，燃烧的传播也越来越快，以致整个燃烧过程瞬间（1/10秒或更短的时间）即能完成。

与此同时，面粉燃烧时，生成二氧化碳和水蒸气，在高温下，气体体积迅速膨胀而产生很大的压力，瞬间冲破房间便产生爆炸现象，并使厂房腾空飞起或炸破。

知识小链接

一块1公斤重的二氧化硅的表面能为0.2焦耳，这是很小的，它只相当于把1公斤的物体举高0.02米所做的功。但是，若把它粉碎成面粉一样细小的粉尘后，其表面能可达$2.7×10^6$焦耳，即相当于把同样重的物体举高2700米所做的功，表面能竟增大了1000万倍。

烟幕弹的秘密是什么

　　阳阳在听了爸爸说的面粉爆炸的故事后，对战争中的一些逸闻趣事非常感兴趣，追问："除了这个面粉炸弹外，还有什么好玩的事呀？"

　　爸爸："烟幕弹你听说过吧？在电视剧里应该看过不少，其实第一次世界大战中就开始用了。"

　　阳阳："烟幕弹是不是用来扰乱敌人视线的？"

　　爸爸："对呀，敌人看不到前方，还怎么战斗？"

　　阳阳："那烟幕弹是用什么做的呢，也是面粉吗？"

　　爸爸："哈哈，当然不是了，烟幕弹是……"

　　烟幕弹的最基本用处就是给敌人造成视觉上的障碍，如果用得好的话将对进攻敌人有很大的帮助。烟幕弹也可以用来防守，拖延时间，从而给敌人带来心理上的恐惧以及视线上的障碍。

　　烟幕弹由引信、弹壳、发烟剂和炸药管组成。烟幕弹制造烟雾主要靠它的发烟剂。当烟幕弹被发射到目标区域时，引信引爆炸药管里的炸药，弹壳体炸开，将发烟剂中的白磷抛散到空气中。白磷一遇到空气，就立刻自行燃烧，不断生出滚滚的浓烟雾来。多弹齐发，就会构成一道道"烟墙"，挡住敌人的视线，给自己的军队创造有利的战机。

化学中的"烟"是由固体颗粒组成的，"雾"是由小液滴组成，烟幕弹的原理就是通过化学反应在空气中造成大范围的化学烟雾。

在第一次世界大战期间也用到了烟幕弹。英国海军就曾用飞机向自己的军舰投放烟幕弹，从而巧妙地隐藏了军舰，避免了敌机轰炸。现代有些新式军用坦克所用的烟幕弹不仅可以隐蔽物理外形，而且烟雾还有躲避红外激光、微波的功能，达到真的"隐身"。

白磷是一种极易自燃的物质，其着火点为40℃，但因摩擦或缓慢氧化而产生的热量有可能使局部温度达到40℃而燃烧。因此，不能说气温在40℃以下白磷就不会自燃。

白磷有剧毒，人误服后很快产生严重的胃肠道刺激腐蚀症状，大量摄入可因全身出血、呕血、便血和循环系统衰竭而死。皮肤被磷灼伤面积达7%以上时，可引起严重的急性溶血性贫血，以致死于急性肾功能衰竭。长期吸入磷蒸气，可导致气管炎、肺炎及严重的骨骼损害。此外，白磷还可以慢慢地腐蚀下颌骨。

白磷虽然危险，但也有很多用途。在工业上用白磷制备高纯度的磷酸。利用白磷易燃产生烟（P_4O_{10}）和雾（P_4O_{10}与水蒸气形成H_3PO_4等雾状物质），在军事上常用来制烟幕弹、燃烧弹。白磷还可以用来制造赤磷、三硫化四磷、有机磷酸酯、燃烧弹、杀鼠剂等。

知识小链接

白磷（黄磷），分子式P_4，白色固体，质软，有剧毒，致死量大约为0.1克。白磷在没有空气的条件下，加热到250℃或在光照下就会转变成红磷。红磷无毒，加热到400℃以上才着火。在高压下，白磷可转变为黑磷，它具有层状网络结构，能导电，是磷的同素异形体中最稳定的。

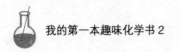 地震前井水变浑浊的原因

又是新闻时间，涛涛和爸爸吃完晚饭就坐在了电视机前。

在"国际新闻"的播报中，涛涛和爸爸看到了"日本地震"的新闻，涛涛感叹"要是没有自然灾害该多好"。涛涛的爸爸说："其实地震前有很多预兆的，难道就没有人留意吗？"

"爸爸，你说的是真的吗？地震前有什么预兆呢？"

"当然是真的了，如地下水就会变浑浊啊。地震来临前，井水会突然上升和翻腾，散发出一种难闻的气味，地震结束后，井水又会恢复正常。"

实际上，地震前地下水发生异常的情况有很多。

我们知道，正常情况下，地下水一般清澈透明、无色、无味。可是在大地震发生前，有些井却突然翻腾，水变得浑浊不清，出现各种奇怪的颜色，发出一些奇怪气味，甚至还拱有油花；有些井还会大量冒泡、水体旋转和发出各种响声。例如，通海地震前两天，有些井水颜色十分奇特，红、黄、绿、蓝、

灰、紫等各色都有；有些井水有甜、咸、酸、苦、涩等味；

有的井甚至还有煤油、硫黄等气味。1974年4月22日，江苏溧阳发生了5.5级地震，据前马村村民介绍，在地震发生的前五天左右，该村一口井的井水突然变黄，随后更是越来越黄，还开始冒气泡，他们不知道为什么，都不敢再饮用井水，有的人家还因此几天没有做饭吃。地震的当天，井水更是突然上升和翻腾，散发出一种难闻的气味。震后的第二天，一切又恢复了正常。1975年2月4日，辽宁海城发生了7.3级强烈地震。震前的几天，附近海城的井水也突然变得浑浊不清。

那么，地震前井水为什么会变浑浊呢？

在地震前，由于地壳运动，特别是局部地壳的运动剧烈，所以地震发生前的征兆会通过与地壳活动密切相关的地下水表现出来。

在地震前夕，地壳深处的硫化氢随着地壳运动而渗入地下水中，从而使地下水中的硫化氢浓度增加。硫化氢是一种无色有臭鸡蛋气味的有毒气体，其不断溢出所以使井水有异味，氧化后又使井水变得浑浊。

除了硫化氢外，井水颜色还会因地壳内部的金属元素的化合物进入水中而变化。例如，进入铁元素混合物使井水显浅绿色或黄色，进入铜元素混合物可能使井水显绿色或蓝色。

地震专家认为，地震发生前地下岩浆在发生变化，完全有可能导致地下水跟着发生变化。但至于地震如何影响地下水，并导致其变化，现在仍处于研究阶段。

一旦破解了这一难题，我们就完全可以通过监测地下水的变化来达到预报地震的目的，从而大大降低地震给人类所造成的损失。

知识小链接

地震是一种自然现象，但由于地壳构造的复杂性和震原区的不可直观性，关于地震是怎样形成的，至今尚无完满的解答，但目前大家比较公认的解释是由地壳板块运动造成的。

地震开始发生的地点称为震源，震源正上方的地面称为震中。地震常常造成严重人员伤亡，能引起火灾、水灾、有毒气体泄漏、细菌及放射性物质扩散，还可能造成海啸、滑坡、崩塌、地裂缝等次生灾害。

神奇的巨人岛——使人长高的能力从何而来

　　妞妞是个爱漂亮的姑娘，平时就吵着让妈妈给她买衣服，而最近，她突然提出了一个新的要求——买高跟鞋。这让妈妈很奇怪，一个小学生穿什么高跟鞋。

　　对此，妞妞说："我在我们班算个儿矮的，我老不长高，所以想买双有点跟的鞋子。"

　　"哈哈，闺女，你还没到发育身体的时候，不要着急。我和你爸爸都不矮，你也会是个高个美女的。"

　　"是吗？那我就放心了，不过，有没有一种神奇的方法让我们长高呢？"

　　"闺女，我可跟你说，这市场上稀奇古怪的增长剂可不能相信，对身体没好处，不过你要说到神奇的方法，倒是有个传说，据说有个巨人岛，只要住在岛上，就能长高，也不知道是不是真的。"

　　"天哪，真的有这样的事？"

　　人在青年时代，是长身体的时候，但到了成年，就不再长高了。奇怪的是，世界上有个独特的岛，岛上的居民都长得很高，而从国外来的游客，只要在岛上住一段时间，也会长高几厘米。由于岛的这种"秉性"，因此被人誉为"能使人长高的岛"。

这个神奇的岛在浩瀚无垠的加勒比海上，名叫"马提尼克岛"。每10年左右的时间，岛上便出现一种令人迷惑不解的奇异现象：岛上居住的成年男女都长高了几厘米，成年男子平均身高达1.90米，成年女子平均身高也超过1.74米。岛上的青年男子如果身高不到1.8米，就会被同伴们耻笑为"矮子"。

这种"礼遇"，对一些自嫌身矮的人来说，显然是个"福音"。因此，马提尼克岛每年都吸引无数的旅游者前往，其中大部分是来自世界各地的矮个子。矮个子来到这个岛上住一个时期，就会莫名其妙地长高几厘米，因此，人们称马提尼克岛为"矮子的乐园"。

例如，64岁的法国科学家格莱华博士和他的助手57岁的理连博士，在该岛上只生活两年，两人就分别增高了8厘米和7厘米。40岁的巴西动物学家费利在该岛上只进行了三个月的考察，离开该岛时竟已长高了4厘米。英国旅行家帕克夫人年近花甲，在该岛旅行一个月后也长高了3厘米。

其实，不仅是人，就是连岛上的动物、植物和昆虫的增长也尤为迅速。岛上有蚂蚁、苍蝇、甲虫、蜥蜴和蛇等，从1948年起的10年时间都增长了几倍，特别是该岛的老鼠，竟长得像猫一样大。

　　究竟是一种什么样的神秘力量促使该岛上的成年人、动物、植物和昆虫躯体如此迅速增长呢？这种神秘的力量又是来源于何种物质呢？

　　为了揭开此谜，许多科学家千里跋涉，来到该岛进行探测和考查，提出了多种假说和猜测，众说纷纭，莫衷一是。有些人认为，在1948年，可能有一个飞碟或其他天外来物坠落在该岛的比利山区。使该岛生物迅速增长的一种性质不明的辐射光，就来自一个埋藏在该岛比利山区地下的飞碟或其他天外来物的残骸。但一些科学家对上述说法持怀疑和否定态度，因为世界上究竟有没有飞碟或其他天外来物，到目

前为止仍然是一个难以解答的大谜。

一些科学家认为，该岛蕴藏着某种放射性矿藏——正是这种放射性物质使生物体机能发生特异变化，因而"催高"了身体。

"巨人岛"的秘密究竟在哪里？至今仍是一个有待科学家们去彻底揭晓的谜。

知识小链接

马提尼克岛是法国的海外大区，位于安地列斯群岛的向风群岛最北部，岛上自然风光优美，有火山和海滩，盛产甘蔗、棕榈树、香蕉和菠萝等植物，曾被哥伦布喻为"世界上最美的国家"。

马提尼克岛的斐尔坝拉人还有一个习俗——从不弯腰。即使最贵重的物品掉落地上，他们也从不弯下腰去拾取，而是拔下插在背上的一个竹夹，挺着腰用竹夹夹取。

第 9 章

化学新世界，化学为人们的生活带来的变化

　　小朋友，可能你对身边的这些事物已经很熟悉，如塑料袋、青霉素、麻醉药、安全玻璃等，但你是否知道，其实这些都是化学在现代社会的高度应用，也正是因为有这些化学发明，才给我们的生活带来了新变化。那么，这些物质是怎么被发现的呢？又有哪些不足和弊端呢？带着这些问题，我们来看看本章内容。

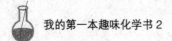 麻醉药是如何起作用的

艳艳最近很高兴，因为他多了个亲人——在二孩政策号召下，妈妈给她生了个妹妹。

这天放学，艳艳赶到医院，想看看刚出生的妹妹。

她推门进去，看见憔悴的妈妈躺在病床上。

艳艳问："妈妈，肯定很疼吧？瞧你都瘦了。"

妈妈："不疼的，剖腹产，用了麻醉药。"

艳艳心生好奇，就问："什么是麻醉药啊？"

妈妈说："局部麻醉啊，免得疼。"

麻醉药是指能使整个或局部机体暂时、可逆性失去知觉及痛觉的药物。

麻醉药根据其作用范围可分为全身麻醉药和局部麻醉药；根据其作用特点和给药方式不同，又可分为吸入麻醉药和静脉麻醉药。

全身麻醉药由浅入深抑制大脑皮层，使人神志消失。局部麻醉对神经的膜电位起稳定作用或降低膜对钠离子的通透性，

阻断神经冲动的传导，起局部麻醉作用。

华陀是史书记载的第一位麻醉医师，发明由曼陀罗花一斤，生草乌、香白芷、当归、川芎各四钱，天南星一钱配合提炼而成的"麻沸散"。《后汉书·方术》有这样的记载："……若病发结于内，缄药所不能及者，乃另先酒服麻沸汤，既醉，无所觉，因刮破腹背、抽割聚积，若在肠胃，则断截前洗，除去疾秽，继而缝合，敷以神膏，四五日创愈，一月之间，皆平复……"可见早在汉代时便已能施行全身麻醉做剖腹手术了。

知识小链接

最早使用的全身麻醉药是笑气，它性能稳定，适合任何方式麻醉，但有易缺氧、麻醉者不够稳定等缺点。后来改用乙醚作全身麻醉药，它有麻醉状况稳定、肌肉松弛良好，便于手术等优点。但乙醚易燃、置放过久会产生过氧化物，使用时应绝对避火和检查有无过氧化物。

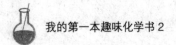

营养成分——蛋白质是什么

菲菲的爷爷最近动了个很大的手术，这可急坏了菲菲和她的爸爸妈妈。全家商量，等爷爷出院以后，一定要多陪陪老人家。这不，周六了，爸爸妈妈带着菲菲来到医院，准备接老人家出院。

"爷爷，您感觉好点没？"菲菲问。

"我的乖孙女，爷爷好多了。"

"爸，这您就直接跟我们住吧！您想吃什么，就告诉我，我做给您做。"菲菲妈妈说。

正当爷爷要说什么时，爷爷的主治医生来了，他说："您儿媳妇说得对，您这种动了手术的，确实应该好好补补，尤其是蛋白质。"

妈妈赶紧问："买蛋白粉行吗？"

"这个可以，牛奶和鸡蛋也是富含高蛋白的食物。"

菲菲问妈妈："妈妈，什么是蛋白质啊？"

医生走过来说："小朋友，蛋白质呢，是人体组织的重要组成部分……"

蛋白质是组成人体一切细胞、组织的重要成分。机体所有重要的组成部分都需要有蛋白质的参与。一般来说，蛋白质约占人体重量的18%，最重要的还是其与生命现象有关。

蛋白质是荷兰科学家格利特·马尔德在1838年发现的。他观察到有生命的东西离开了蛋白质就不能生存。

蛋白质主要由氨基酸组成，因氨基酸的组合排列不同而组成各种类型的蛋白质，人体中估计有10万种蛋白质。生命是物质运动的高级形式，这种运动方式是通过蛋白质来实现的，所以蛋白质有极其重要的生物学意义。人体的生长、发育、运动、遗传、繁殖等一切生命活动都离不开蛋白质。生命运动需要蛋白质，也离不开蛋白质。

蛋白质的主要来源是肉、蛋、奶和豆类食品，一般而言，来自于动物的蛋白质有较高的品质，含有充足的必需氨基酸。必需氨基酸约有8种，无法由人体自行合成，必须从食物中摄取，若是体内有一种必需氨基酸存量不足，就无法合成充分的蛋白质供给身体各组织使用，其他过剩的蛋白质也会被身体代谢而浪费掉，所以确保足够的必需氨基酸摄取是很重要的。植物性蛋白质通常会有1~2种必需氨基酸含量不足，所以素食者需要摄取多样化的食物，从各种组合中获得足够的必需氨基酸。

一块扑克牌大小的煮熟的肉含有30~35克的蛋白质，一大杯牛奶含有8~10克，半杯各式豆类含有6~8克。所以一天吃一块扑克牌大小的肉、一些豆子，喝两大杯牛奶，加上少量蔬菜、水果和饭，就可得到60~70克的蛋白质，足够一个体重60千克的长跑选手所需。若你的需求量比较大，可以多喝一杯牛奶，或者酌量多吃些肉类，就可获得充足的蛋白质。

蛋白质是人体重要的营养物质，保证优质蛋白质的补给是关系到身体健康的重要问题，怎样选用蛋白质才既经济又能保证营养呢？

首先，要保证有足够数量和质量的蛋白质食物。根据营养学家研究，一个成年人每天通过新陈代谢大约要更新300克以上蛋白质，其中3/4来源于机体代谢中产生的氨基酸，这些氨基酸的再利用大大减少了需补给蛋白质的数量。一般地讲，一个成年人每天摄入60～80克蛋白质，基本上已能满足需要。

其次，各种食物合理搭配是一种既经济实惠，又能有效提高蛋白质营养价值的有效方法。每天食用的蛋白质最好有1/3来自于动物蛋白质，2/3来源于植物蛋白质。我国人民有食用混合食品的习惯，把几种营养价值较低的蛋白质混合食用，其中的氨基酸相互补充，可以显著提高营养价值。例如，谷类蛋白质含赖氨酸较少，而含蛋氨酸较多；豆类蛋白质含赖氨酸较多，而含蛋氨酸较少。这两类蛋白质混合食用时，必需氨基酸相互补充，接近人体需要，营养价值大为提高。

再次，每餐食物都要有一定质和量的蛋白质。人体没有为蛋白质设立储存仓库，如果一次食用过量的蛋白质，势必造成浪费。相反，如食物中蛋白质不足时，青少年发育不良，成年人会感到乏力、体重下降、抗病力减弱。

最后，食用蛋白质要以足够的热量供应为前提。如果热量供应不足，肌体将消耗食物中的蛋白质来作能源。每克蛋白质在体内氧化时提供的热量是18kJ，与葡萄糖相当。用蛋白质做能源是一种浪费，是大材小用。

知识小链接

人体内的一些生理活性物质如胺类、神经递质、多肽类激素、抗体、酶、核蛋白以及细胞膜上、血液中起"载体"作用的蛋白都离不开蛋白质，它对调节生理功能、维持新陈代谢起着极其重要的作用。人体运动系统中肌肉的成分以及肌肉在收缩、做功、完成动作过程中的代谢无不与蛋白质有关，离开了蛋白质，体育锻炼就无从谈起。

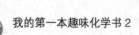灭火器灭火的原理是什么

这天上午，盈盈妈妈在家，听到外面警声轰鸣，她推开窗一看，原来是隔壁小区着火了，消防员正火速赶往呢，幸亏火势不大，很快就被扑灭了。

盈盈妈妈想下楼看看，正巧碰到从外面回来的女儿。

盈盈："妈妈，着火了着火了。"

妈妈："哎呀，你慢点，不是已经扑灭了吗？"

盈盈："是啊，我就是从那边赶过来的。"

妈妈："没什么人员伤亡吧？"

盈盈："没有，就是那户人家的窗户烧黑了，幸亏他们先用灭火器自救了。"

妈妈："是啊，看来在家里备一个灭火器很有必要啊。"

盈盈："那灭火器灭火的原理是什么呢？"

灭火器，又称灭火筒，是一种可携式灭火工具。灭火器内藏化学物品，用以救灭火警。灭火器是常见的防火设施之一，存放在公众场所或可能发生火警的地方。因为其设计简单

可携，一般人亦能用来扑灭刚发生的小火。不同种类的灭火筒内藏的成分不一样，是专为不同的火警而设的。使用时必须注意，以免产生反效果及引起危险。家庭或办公场所都应配备安装灭火器。虽然灭火器很可能经年在墙壁上不断积累灰尘，但某一天，它可能挽救你的财产甚至生命。

那么，不同灭火剂的灭火器其工作原理都是什么呢？

1.水

救A类火的灭火器最常用的灭火剂是水。水对燃料表面有极佳的降温效果，可减低燃料气化。灭火器的水通常不会大量雾化，因此对燃烧中的气体作用不大。通常水剂灭火器内会加入少量其他化学品，以避免灭火器生锈。部分灭火器亦加入少量化学物以减少水的表面张力，让水能更容易渗入燃烧中的物体内部。

水不一定能救灭液体（B类）火灾，视液体燃烧的分子的极性。水可以救灭极性燃料如酒精的火，但用在非极性燃料如燃油上，却会把火散开，令其更不可控。

把水射到电火上，可能会令施用者被电击。除非电力已被切断，或者使用特别喷嘴，令水成为非连续之水珠，否则不应用水在电火之上。

2.泡沫

泡沫常被用在B类火上，亦可用在A类火上。通常泡沫灭火剂是水加入泡沫剂，令泡沫能浮在燃烧中的液体之上，隔绝火及燃烧表面。普通泡沫可用在非极化燃料如汽油之上，但用在极化液体如酒精或甘油上则可能会过快分解而失效。储存大量极化易燃液体的地方要使用特别的酒精泡沫。

3.干粉

干粉灭火剂主要为以下两类：

BC粉是碳酸氢钠或碳酸氢钾粉末，以二氧化碳或氮气推动。粉末能吸收火的热力，令燃烧的化学反应无法继续。部分粉末亦可稍微抑制化学反应进行。粉末可令火势暂停漫延，但未必足以压灭火，因此通常会与泡沫一同使用。

ABC粉是硫化氨或磷化氨。除了能压制火外，更会溶解成一层黏膜，阻隔燃烧表面与气体的热力传送。因此对A类火亦有效。**ABC粉**是对付多种火最佳的选择。但对付立体的A类火，则以水或泡沫较为有效。

这两类粉剂皆可用在电火之上，但其腐蚀性很可能令设备无法修复。

4.湿粉

以乙酸钾或柠檬酸钾及碳酸氢钾制成，可用在厨房火灾上。湿粉粉末除了降温外，亦能皂化，在煮食油上形成一层泡沫。但皂化只会在动物油脂上发生，因此不能用在B类火上。

5.二氧化碳

二氧化碳灭火器可用在B类、C类及E类火上。作用是把空气排挤，令火失去氧气而熄灭。因为二氧化碳是气体不会残留，因此用于电火可避免损坏设备。二氧化碳用在A类火上是可行的，但必须长时间使用，手提灭火器不可能提供足够的剂量。二氧化碳灭火器的喷喉顶部通常为一筒状。由于二氧化碳储存在灭火器时十分低温，使用时要小心避免接触，以免引起冻伤。因使用二氧化碳灭火时，会减少火场及燃烧物品的氧气量，所以在空气不流通的环境下使用二氧化碳灭火器灭火，会影响呼吸，不适合长时间使用，使用后必须尽快离开现场。

6.卤化烷

卤化烷灭火器是一种多功能灭火剂，能救灭D类以外的火，而且只需很少的量（不足5%）即可。卤代烷用在A类火亦可，但其效果不佳。卤代烷是少数在飞机内亦可安全施放的灭火剂，不会对飞机构成腐蚀。在密封的情况下，卤化烷有微毒；非常温常压下，甚至可能水解出"光气"。卤化烷能改变火的热力分布，同时抑制火的化学反应。由于卤化烷属氯氟化碳，会对臭氧层造成破坏，因此正逐渐被取代。据国家环境保

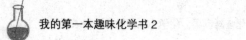

护总局规范，我国已经禁止用卤化烷作灭火剂。

7.氟化碳合物

美国杜邦化工开始生产以接近饱和之氟化碳合物作灭火剂，替代卤化烷。这些灭火剂据称毒性较卤化烷低，不会损害臭氧层，但使用时浓度要比卤化烷高一半。

知识小链接

根据国家标准《火灾分类》的规定，火灾可划分为A、B、C、D、E、F六类。

A类火灾：指固体物质火灾。这种物质往往具有有机物质性质，一般在燃烧时产生灼热的余烬。如干草、木材、煤、棉、毛、麻、纸张等火灾。

B类火灾：指液体火灾和可熔化的固体物质火灾。如汽油、煤油、柴油、原油，甲醇、乙醇、沥青、石蜡等火灾。

C类火灾：指气体火灾、如煤气、天然气、甲烷、乙烷、丙烷、氢气等火灾。

D类火灾：指金属火灾。如钾、钠、镁、铝镁合金等火灾。

E类火灾：指带电物体和精密仪器等物质的火灾。

F类火灾：烹饪器具内的烹饪物（如动植物油脂）火灾。

聚乙烯——塑料的发明

　　周末上午，妈妈在家打扫卫生，让女儿小丫去楼下超市买点菜回来，小丫拿了钱正准备出门，妈妈叮嘱："拿上家里的布袋子，别买超市的塑料袋。"

　　小丫应了一声，顺手拿了门口的环保布袋就出门了。

　　不一会儿，小丫就回来了。

　　"妈妈，这蔬菜可真不轻，幸亏拿的是布袋，塑料袋可不好提。"小丫说。

　　"是啊，重点不在这个呢，重点是塑料袋不环保，现在越来越多的人知道聚乙烯的不可降解性了。"妈妈说。

　　"什么是聚乙烯啊？"小丫好奇地问。

　　"就是制作塑料袋的原材料啊。"

　　聚乙烯（polyethylene，PE）是乙烯经聚合制得的一种热塑性树脂。在工业上，也包括乙烯与少量 α-烯烃的共聚物。聚乙烯无臭，无毒，手感似蜡；具有优良的耐低温性能（最低使用温度可达-100～-70℃）；化学稳定性好，能耐大多数酸碱的侵蚀（不耐具有氧化性质的酸）。

　　1845年，居住在瑞士西北部城市巴塞尔的化学家塞伯坦一次在家中做实验时，不小心碰倒了桌上的浓硫酸和浓硝酸，他急忙拿起妻子的布围裙去擦拭桌上的混合酸。忙乱之后，他将围裙挂到炉子边烤干，不料围裙噗的一声烧了起来，顷刻间化为灰烬。塞伯坦带着这个"重大发现"回到实验室，不断重复刚才发生的"事故"。经过多次试验，塞伯坦终于找到了原因：原来布围裙的主要成分是纤维素，它与浓硝酸及浓硫酸的混合液接触，生成了硝酸纤维素脂，这就是后来应用广泛的硝化纤维。

　　在19世纪50年代，帕克斯查看了处理胶棉的不同方法。一天，他试着把胶棉与樟脑混合。使他惊奇的是，混合后产生了

一种可弯曲的硬材料。帕克斯称该物质为"帕克辛"，那便是最早的塑料。

早期的塑料容易着火，这就限制了用它制造产品的范围。第一个能成功地耐高温的塑料是"贝克莱特"（即酚醛塑料，译注）。利奥·贝克兰德在1909年获得了该项专利。

1909年，美国的贝克兰首次合成了酚醛塑料。20世纪30年代，尼龙问世了，被称为是"由煤炭、空气和水合成，比蜘蛛丝细，比钢铁坚硬，优于丝绸的纤维"。它们的出现为此后各种塑料的发明和生产奠定了基础。由于第二次世界大战中石油化学工业的发展，塑料的原料以石油取代了煤炭，塑料制造业也得到飞速的发展。

塑料是一种很轻的物质，用很低的温度加热就能使它变软，随心所欲地做成各种形状的东西。塑料制品色彩鲜艳，重量轻，不怕摔，经济耐用，它的问世不仅给人们的生活带来了诸多方便，也极大地推动了工业的发展。

然而，塑料的发明还不到一百年，如果说当时人们为它们的诞生欣喜若狂，现在却不得不为处理这些充斥在生活中，给人类生存环境带来极大威胁的东西而煞费苦心了。

塑料是从石油或煤炭中提取的化学石油产品，一旦生产出来很难自然降解。塑料埋在地下200年也不会腐烂降解，大量的塑料废弃物填埋在地下，会破坏土壤的通透性，使土壤板结，影响植物的生长。如果家畜误食了混入饲料或残留在野外的塑料，也会因消化道梗阻而死亡。

自2008年6月1日起，我国实行限塑令："在所有超市、商场、集贸市场等商品零售场所实行塑料购物袋有偿使用制度，一律不得免费提供塑料购物袋，并在全国范围内禁止生产、销售、使用厚度小于0.025毫米的塑料购物袋"。

知识小链接

我们通常所用的塑料并不是一种纯物质，它是由许多材料配制而成的。其中高分子聚合物（或称合成树脂）是塑料的主要成分，此外，为了改进塑料的性能，还要在聚合物中添加各种辅助材料，如填料、增塑剂、润滑剂、稳定剂、着色剂等，才能成为性能良好的塑料。

青霉素——人类医学史上的重大发现

小新最近严重感冒、咳嗽，甚至已经无法上课了，妈妈为他请了假，并带小新去医院做个全面检查。检查结果显示，小新的肺部轻微感染，需要住院。

小新虽然很害怕打针吃药，但还是决定住下来。

很快，医生来病房看小新，问小新妈妈说："女士，您的儿子对什么药物过敏？"

"青霉素过敏。"

妈妈说完，医生在本子上打了个钩。

"啊？妈，我什么时候青霉素过敏，我怎么不知道？"小新有点吃惊。

"别打岔。"

"还有呢？"医生继续问。

就这样例行询问了一遍后，医生和几个护士走了。

小新拽了拽妈妈的衣角，问："妈，什么是青霉素啊？"

"青霉素是一种抗生素，用来消炎的……问清楚你的过敏

我的第一本趣味化学书2

史，以免他们用错药。"

青霉素（Penicillin，或音译盘尼西林）又被称为青霉素克、peillin克、盘尼西林、配尼西林、青霉素钠、苄青霉素钠、青霉素钾、苄青霉素钾。青霉素是抗菌素的一种，是指分子中含有青霉烷、能破坏细菌的细胞壁并在细菌细胞的繁殖期起杀菌作用的一类抗生素，是从青霉菌中提炼出的抗生素。青霉素是很常用的抗菌药品，但每次使用前必须做皮试，以防过敏。

20世纪40年代以前，人类一直未能掌握一种能高效治疗细菌性感染且副作用小的药物。当时若某人患了肺结核，那就意味着此人不久就会离开人世。为了改变这种局面，科研人员进行了长期探索，然而在这方面所取得的突破性进展却是源自一个意外发现。

1928年，英国细菌学家弗莱明首先发现了世界上第一种抗生素——青霉素，他由于一次幸运的过失而发现了青霉素。

但由于当时技术不够先进，认识不够深刻，弗莱明并没有把青霉素单独分离出来。

1929年，弗莱明发表了他的研究成果，但遗憾的是，这篇论文发表后一直没有受到科学界的重视。

1938年，德国化学家恩斯特钱恩在旧书堆里看到了弗莱明的那篇论文，于是开始做提纯实验。

208

弗洛里和钱恩在1940年用青霉素重新做了实验。他们给8只小鼠注射了致死剂量的链球菌，然后给其中的4只用青霉素治疗。几小时内，只有那4只用青霉素治疗过的小鼠还健康地活着。此后一系列临床实验证实了青霉素对链球菌、白喉杆菌等多种细菌感染的疗效。青霉素之所以能既杀死病菌，又不损害人体细胞，原因在于青霉素所含的青霉烷能使病菌细胞壁的合成发生障碍，导致病菌溶解死亡，而人和动物的细胞则没有细胞壁。

1940年冬，钱恩提炼出了一点点青霉素，这虽然是一个重大突破，但离临床应用还差得很远。

1941年，青霉素提纯的接力棒传到了澳大利亚病理学家瓦尔特弗洛里的手中。在美国军方的协助下，弗洛里在飞行员外

出执行任务时从各国机场带回来的泥土中分离出菌种，使青霉素的产量从每立方厘米2单位提高到40单位。

通过一段时间的紧张实验，弗洛里、钱恩终于用冷冻干燥法提取了青霉素晶体。之后，弗洛里在一种甜瓜上发现了可供大量提取青霉素的霉菌，并用玉米粉调制出了相应的培养液。在这些研究成果的推动下，美国制药企业于1942年开始对青霉素进行大批量生产。

到了1943年，制药公司已经发现了批量生产青霉素的方法。

知识小链接

青霉素是一种高效、低毒、临床应用广泛的重要抗生素。它的研制成功大大增强了人类抵抗细菌性感染的能力，带动了抗生素家族的诞生。它的出现开创了用抗生素治疗疾病的新纪元。通过数十年的完善，青霉素针剂和口服青霉素已能分别治疗肺炎、脑膜炎、心内膜炎、白喉、炭疽等病。

由于β－内酰胺类作用于细菌的细胞壁，而人类只有细胞膜无细胞壁，故青霉素对人类的毒性较小，但大剂量青霉素也可能导致神经系统中毒。青霉素的副作用主要原因在于青霉素的提纯不足，其中的杂质容易使人体过敏。

安全玻璃——都是涂料的功劳

五一到了，妈妈准备带小新去市动物园玩。

从家里到动物园的路挺远，爸爸没有时间送他们，妈妈只好和小新坐公交车前往。

51路公交车上人并不多，小新和妈妈上车后，还有很多空座位，小新选择了靠窗的里座。小新发现，车上挂了一个安全锤。

小新问妈妈："这玻璃是能敲碎的对吧？"

"是啊，这是为了安全起见。"

"玻璃碎了还安全吗？"小新好奇地问。

"这可不是一般的玻璃，这是安全玻璃。"妈妈说。

"什么是安全玻璃？"

这里，小新妈妈说的安全玻璃是一种特殊用途的玻璃，具有抗震、不易碎、强度高、不易伤人等特点，其包括钢化玻璃、夹层玻璃、夹丝玻璃等特种玻璃；多用于交通工具或各类建筑物的门、窗、隔墙等。

安全玻璃的发明，还有一个故事。

彭奈迪脱斯是法国著名的化学家，一次偶然的机会触发了他的灵感，让他研究制成了"安全玻璃"。

那是1907年的事。一天，彭奈迪脱斯正在实验室里整理仪器，他不小心将一只玻璃瓶子打翻在地。这下可完了！然而，出乎意外的是，瓶子并没有裂成碎片，只是出现了一些裂痕，他随手又拿出一只洗净的瓶子，轻轻地向地上摔去。这次，玻璃瓶子却被摔得粉碎。两只瓶子的情况为何如此不同呢？彭奈迪脱斯一时难以找到答案。

时隔数天，报上报道了一起车祸，横飞的玻璃碎片击伤了乘客，使彭奈迪脱斯深感痛心。他不由得联想起那只破而不碎的瓶子，决心搞个水落石出。他重新找到那只瓶子，仔细观察，原来那是一只盛过某种药水的瓶子，药水蒸发后在瓶子的内表面结下了一层坚韧透明的薄膜。看来，正是这层薄膜对瓶子起了保护作用。经过多次试验，他终于找到了一种附着力强、透明度好的合适涂料。后来，他又用涂料将两层玻璃黏合在一起，发现其防止破碎的性能更好。这样，"安全玻璃"终于诞生了。

安全玻璃通常用在一些重要设施上，如银行大门、贵重物品陈列柜、监狱和教养所的门窗等。这些地方有可能遭到持各